KB220660

급수별 ★ EASY

로열 스도쿠

ROYAL SUDOKU 1

급수별
EASY ★

로열 스도쿠

ROYAL **SUDOKU** 1

편저 퍼즐아카데미연구회

창
Chang Books

● '스도쿠'가 세계적으로 널리 사랑받는 이유 ●

9×9의 칸에 1부터 9까지의 숫자를 넣기만 하면 되는 '스도쿠!' 연필과 지우개만 있다면 언제 어디서나 가능한 스도쿠가 세계를 석권한 것은 불과 몇 년 전의 일이다.

영국에서 불붙기 시작한 'SUDOKU' 붐은 현재 세계 100여 개 나라 이상으로 퍼져 스도쿠를 즐기는 사람들의 모습을 일상 속에서 쉽게 찾아볼 수 있게 되었다. 스도쿠 관련 서적은 말할 것도 없고 신문과 잡지 연재, 닌텐도 DS와 Wii, 휴대용 플레이스테이션 등의 게임 소프트로도 속속 발매되고 있다. 이처럼 수많은 사람들을 스도쿠에 빠지게 하는 매력은 과연 무엇일까?

먼저 간단한 룰을 들 수 있다. 어린아이부터 나이 드신 분까지 폭넓은 층이 즐길 수 있으며 누구나 쉽게 빠져든다. 그리고 계산할 필요가 없고 푸는데 그리 시간이 많이 걸리지 않는다. 게다가 문제를 풀었을 때의 쾌감은 직접 경험해 보지 않은 사람들은 모를 것이다. 스도쿠는 힘들이지 않고 할 수 있는 놀이이며 더불어 기분 전환이 가능하다.

빈 칸에 숫자를 채우기만 하면 된다는 단순함과 함께 스도쿠는 중간에 그만둘 수도 있다. 다시 시작할 때는 그만둔 곳에서부터 새롭게 시작할 수 있어 바쁜 출퇴근 시간이나 여유 시간 등 하루 5분이든 10분이든 가능하다. 다시 말해 하고 싶을 때 하고 싶은 만큼만 할 수 있어 시간의 구애를 받지 않는 퍼즐이다.

그리고 스도쿠는 룰만 알고 있다면 풀이 방법은 어디까지나 게임을 즐기는 사람의 자유이다. 어떤 칸부터 숫자를 채우더라도, 역으로 어떤 숫자부터 빈칸에 들어갈 수 있는지를 찾아내는 것도 모두 푸는 사람 마음이다. 자신이 알기 쉬운 곳부터, 하고 싶은 곳부터 시작하면 된다. 스도쿠에는 등산로가 많다. 그저 단순히 푸는 것이 아니라 그런 등산로를 찾아내는 즐거움이 있다. 이것이 스도쿠의 뛰어난 장점 중 하나이다.

또한 스도쿠는 모두 연결되어 있으므로 틀렸을 때는 일단 전부 지우고 처음부터 다시 시작해야 한다. 그런 의미에서는 강적이지만 푸는 방법과 힌트가 많으므로 처음과 다른 방법으로 풀 수 있어 신선한 마음으로 다가갈 수 있다. 때문에 다 푼 문제를 지우개로 지우고 다시 도전하는 사람도 많다. 스도쿠를 풀 때는 주의력과 추리력이 필요하다. 남녀노소를 불문하고 꾸준히 하면 누구나 풀 수 있으며 혹시 풀다가 막히면 도중에 그만두고 다음날 재도전하면 쉽게 풀리기도 한다. 완성시켰을 때의 성취감과 만족감에는 별 관심이 없고 숫자를 채워가는 과정이 재미있다는 사람도 있다. 이처럼 스도쿠는 푸는 재미뿐만 아니라 사람에 따라서 여러 형태로 즐길 수 있는 퍼즐이라 많은 사람들의 인기를 얻을 수 있었을 것이다.

이제 여러분도 스도쿠의 즐거움에 빠져보기 바란다.

● '스도쿠'의 룰 & 테크닉 ●

'스도쿠'란 약간의 요령만 터득하면 누구나 쉽게 풀 수 있는 숫자를 써넣는 퍼즐이다. 전 세계 스도쿠의 룰은 모두 똑같다.

'스도쿠'의 룰

❶ 빈칸에 넣는 숫자는 1부터 9까지.

❷ 세로 열 ①, 가로 열 ②, 굵은 선으로 나눈 3×3의 블록 ③ 모두에 1부터 9까지 숫자가 하나씩 들어간다. ①, ②, ③ 속에 같은 숫자가 들어가서는 안 된다.

❸ 이미 있는 숫자 이외의 빈칸을 채워나간다.

빈칸에 임의의 숫자를 써넣는 방법도 있다.

● **스도쿠를 풀기 위한 테크닉** ●

아래 세 개의 테크닉은 초급 테크닉이다. 가로, 세로, 3×3의 블록 속 숫자와 겹치지 않도록 생각하면 나머지 숫자가 결정된다. 어디부터 풀어나갈지는 각각 다르다. 따라서 문제를 풀기 위해 약간의 주의력이 필요하다. 각각의 칸에 꼭 들어갈 수밖에 없는 숫자를 찾아보자.

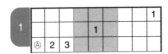

❶ 1에 주목하길 바란다. 한가운데와 오른쪽의 3×3의 블록에는 이미 들어가 있으므로 왼쪽의 3×3의 블록 어느 칸에 들어갈지 생각한다. 가로 열과 겹치지 않는 곳 즉, 1이 들어갈 곳은 A칸뿐이다.

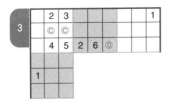

❷ 위 열에는 2~9까지 여덟 개의 숫자가 들어가 있으므로 나머지 칸 B에는 1이 들어간다. 3×3의 블록에 여덟 개의 숫자가 들어갔을 때도 나머지 숫자는 하나뿐이다.

❸ 왼쪽 상단의 3×3의 블록 어딘가의 C에 1이 들어간다. 다시 말해 위로부터 두 번째 가로 열에는 C 이외에는 더 이상 1이 들어갈 수 없다. 따라서 D에 1이 들어간다.

4				2	3		1
	Ⓕ	4	Ⓔ				
		Ⓔ	5	1			
	2						
	3						

❹ 2나 3도 E의 어딘가에 들어간다. 다시 말해 E에는 2와 3 이외의 숫자는 들어갈 수 없다. 따라서 1은 F에 들어간다.

CONTENTS

EASY

1		5		3		6		
	7		1		5	2		
8				6			5	7
	4		6		1		2	
6		9				3		4
	1		2		3		7	
7	8			2				3
		3	4		6		8	
		4		7		5		1

DATE _____

TIME _____

EASY

3		6			9			5
	8		3			9	1	
2			1	7			8	
	4	2	9		8			7
		1		5		3		
7			4		2	5	9	
	7			2	6			9
	3	5			1		7	
6			7			4		1

DATE _____

TIME _____

EASY

2			9		5			8
	9	7		3		4	1	
	1			8			3	
1		2		7		6		4
			2		1			
7		4		9		3		1
	7			2			5	
	3	1		6		8	4	
9			8		4			3

DATE _____

TIME _____

EASY

	6		9	1	2		3	
		9		3		8		
5	1			4			2	9
		2	3		5	1		
3				8				6
		4	6		1	3		
1	7			6			4	3
		6		2		9		
	2		4	5	3		6	

DATE _____

TIME _____

EASY

		1		7		6		
	7		1		8		2	
4		2		6		8		7
	3		6		5		9	
5		6				3		2
	9		2		1		4	
1		7		9		4		8
	6		3		4		7	
		5		2		1		

DATE _____

TIME _____

16

EASY

		8		3		1		7
	3		7		8	5		
7		4		5			2	8
	2		1				5	
9		3		6		8		2
	6				4		3	
4	8			7		9		1
		1	8		6		7	
5		6		2		4		

DATE _____

TIME _____

EASY

	2	6			8	1		
4			3			2		
8			1	9			5	6
	5	3	7					4
		2		1		6		
6					4	3	1	
7	8			4	9			3
		5			1			8
		4	5			9	2	

DATE _____

TIME _____

18

EASY

2			6			7		1
	3			8		2		
		5	1		3		8	9
4		3			9	6		
	2			4			1	
		8	2			3		7
3	9		5		6	8		
		1		7			6	
5		7			4			2

DATE _____

TIME _____

19

EASY

		5				9	1	
	1			2	5			7
2		3		7		8		4
		9			6		7	
	4	2		1		6	3	
	7		5			2		
4		8		9		1		3
1			4	3			8	
	2	6				7		

DATE _____

TIME _____

EASY

2	3			9			6	5
	5			1			2	
		1	7		5	4		
7			3		8			6
	6	2				8	3	
4			2		9			1
		9	4		6	5		
	4			8			7	
5	7			3			4	2

DATE _____

TIME _____

EASY

7					3	1		5
	3	6		7			2	
4			1				3	
		3		5				2
	1		4		9		8	
2				3		7		
	6				8			9
	4			1		3	5	
3		9	2					4

DATE _____

TIME _____

EASY

Question 012

3	5			4			6	2
		2	7			5		
	4			1	5		8	
8			1					5
	9	1		3		8	2	
2					6			3
	3		5	2			4	
		6			9	7		
9	1			7			3	8

DATE _____

TIME _____

23

EASY

	1	2			5			7
9	4				3	2		
6			4	9		3	8	
		4		6			3	2
		1	3		9	5		
2	5			4		8		
	3	6		1	7			8
		7	2				9	5
4			8			7	1	

DATE _____

TIME _____

EASY

	2				4	5	8	
5		1	9	8				7
	3				6	9		2
	7		4			1		3
	5			2			7	
4		9			3		2	
2		4	3				1	
7				4	1	6		8
	6	3	8				5	

DATE _____

TIME _____

EASY

		4		5	3			9
	8		6			7	4	
3		2	8				6	
	2	1			6			4
5				1				7
9			3			2	1	
	5				8	6		1
	1	7			9		3	
8			4	3		5		

DATE _____

TIME _____

EASY

Questiom 016

7					4				1
		9	1			2	7		
	3	5					4	8	
	4			2				1	
2			5		4				8
	7			8				5	
	2	3					1	4	
		7	4		1		9		
6				7					5

DATE _____

TIME _____

27

EASY

Questiom 017

	6		9		4		1	
3	4			7			5	2
		5		3		6		
9			4		7			1
	1	7				2	4	
2			5		1			8
		9		4		3		
6	5			1			2	9
	7		2		3		6	

DATE _____

TIME _____

28

EASY

9		3		4		1		5
	5			3			2	
	8		7		1		9	
1		5		7		8		2
			3		5			
2		9		6		3		7
	9		2		6		4	
	1			8			7	
8		4		9		6		1

DATE _____

TIME _____

EASY

2		4		5		3		
	9		6				1	
		7			8			4
	6		9			1		
1				4				5
		3			2		4	
5			8			7		
	7				6		9	
		8		7		5		1

DATE _____

TIME _____

EASY

	9		3		1		4	
	2	7				6	1	
3			4		6			2
6		2		1		8		7
			7		5			
7		5		8		4		9
8			1		9			5
	5	9				1	3	
	7		6		2		8	

DATE _____

TIME _____

EASY

	1	5				8	6	
7			2	4				9
3				6				1
			6		2		1	
	4	8				9	7	
	3		4		9			
8				3				7
5				1	8			4
	9	4				3	5	

DATE _____

TIME _____

32

EASY

	1		7				3	
		7		9	8			4
9		8	2			6		7
7			1		6		8	
	4						7	
	6		4		2			1
1		9			7	5		3
4			5	8		9		
	2				3		1	

DATE _____

TIME _____

EASY

2	4				3		7	
8				4			1	6
		7	2			5		
		3	1		6			2
	9						3	
5			3		2	9		
		8			9	6		
3	2			1				5
	7		8				9	1

DATE _____

TIME _____

EASY

		2	8	1				7
	1			6			9	
4	5				3	8		
		7	4					3
	8						1	
3					2	6		
		3	9				2	6
	2			5			7	
8				4	1	9		

DATE

TIME

EASY

		6	2			8	9	
	9		1		4			5
4		5		8				2
7	1		6				3	
		8		5		1		
	6				9		2	8
3				9		4		7
2			5		1		8	
	8	9			7	2		

DATE _____

TIME _____

36

EASY

Questiom 026

		9	3		1	2		
		5		4		1		
7	6			2			4	3
		3	7		8	9		
8	1			5			3	7
		2	6		4	5		
6	5			9			1	2
		4		6		7		
		7	1		2	6		

DATE _____

TIME _____

37

EASY

	1			7			6	
8	3						1	7
		6	8		4	5		
		4	2		9	1		
6				5				4
		2	7		6	9		
		7	1		2	3		
9	4						2	1
	8			3			9	

DATE _____

TIME _____

EASY

2				4	8	5		
	6		3				2	1
	1	4		2				8
7			9		2	3		
5		3				9		6
		1	6		7			5
6				1		8	4	
9	5				4		3	
		8	2	9				7

DATE _____

TIME _____

EASY

	2	8		6		9	7	
		7		3		2		
4			7		1			3
	9			8			1	
8		4	6		9	5		7
	1			4			3	
6			3		2			4
		2		9		3		
	4	3		7		1	5	

DATE _____

TIME _____

40

EASY

	9						1	
3		6		5		2		4
	8		2		7		5	
		9		1		8		
	1		5		2		7	
		2		7		3		
	6		1		3		4	
8		1		6		9		7
	5						8	

DATE _____

TIME _____

EASY

	8				7		1	4
	6	9		3				5
7			4			9		
		2	5		4	7		
1								6
		7	1		8	3		
		5			3			2
2				1		8	4	
3	1		9				6	

DATE _____

TIME _____

42

EASY

3			9		6			7
	4	6		7		1	2	
		1		8		5		
9			8		1			4
	2			3			5	
1			2		9			8
		9		2		8		
	1	4		6		3	9	
6			5		4			2

DATE _____

TIME _____

EASY

		5				6	3	
		2			1			5
9	1			6	8			2
			3			4	6	
		8		5		1		
	9	6			2			
2			1	8			7	3
1			6			2		
	3	9				5		

DATE _____

TIME _____

44

EASY

2			6		5			3
	8	7				4	6	
	3		1		7		9	
4		2		6		8		9
			4		3			
1		3		9		5		7
	2		8		6		1	
	1	9				6	7	
7			9		2			8

DATE _____

TIME _____

EASY

	6			7			4	
	7	1				2	9	
9			1		4			6
		2	6			9		
6				4				8
		3			5	1		
7			9		2			3
	1	6				8	2	
	2			3			1	

DATE _____

TIME _____

EASY

	7	3				8	4	
5			7		4			3
6			5		2			9
	6	1				2	5	
				6				
	2	4				1	8	
8			3		7			1
1			4		8			2
	5	7				9	3	

DATE _____

TIME _____

47

EASY

	6			7	2		5	
2		9			8	4		
4			5					2
	2		9			1		
		4		3		5		
		3			5		8	
3					9			8
		5	7			9		4
	7		8	2			3	

DATE _____

TIME _____

48

EASY

7				5	2	4		6
	1	6			3			
	4		8			7		1
		8			5		7	2
3				8				9
1	9		2			5		
6		3			8		1	
			4			8	2	
2		4	3	9				7

DATE _____

TIME _____

EASY

		6		8		2		
			7	3	1			
4		7				1		3
2	6			1			7	9
			5		3			
3	8			9			1	6
9		3				4		2
			6	7	2			
		1		4		7		

DATE _____

TIME _____

50

EASY

5			8		9			1
		9		6		7		
	6	2		1		9	3	
7			6		1			2
	1	5		2		8	7	
4			7		3			6
	5	7		4		6	2	
		1		9		5		
9			5		2			4

DATE _____

TIME _____

EASY

	8	9				5	6	
	6		5		8		1	
1				3				9
6			3		5			4
		7		6		2		
2			1		7			8
7				8				5
	2		9		6		7	
	5	4				1	8	

DATE _____

TIME _____

52

EASY

	9		2			6		
1		5		4				
	6		8			1		7
8		7		2				
	1		7		5		9	
				3		4		2
2		3			6		5	
				7		8		9
		9			1		3	

DATE

TIME

EASY

5				2				1
		2				7		
	6		3		4		9	
		4		3		2		
6			1		9			3
		7		8		1		
	4		7		8		3	
		1				4		
9				5				7

DATE _____

TIME _____

EASY

	1			9			6	
6			3			5		4
	4	5			8	1		
		4		3			9	
8			9		5			3
	3			7		8		
		1	7			4	8	
5		9			1			2
	7			8			5	

DATE _____

TIME _____

55

EASY

	3	1			9			2
6			7			4		
7				2			9	
	4		5		6			8
		5				3		
9			8		4		1	
	8			1				3
		4			7			1
5			3			2	7	

DATE _____

TIME _____

EASY

	8		7					5
4			9			3		
		3		8	2		1	
2	3				5	8		
		5				7		
		6	1				2	4
	5		3	9		1		
		8			6			7
7					8		4	

DATE _____

TIME _____

EASY

		7			8			2
			4			6	1	
4	3			6		5		
		1			5		3	
6				4				7
	4		7			2		
		8		5			9	6
	1	6			4			
7			9			8		

DATE _____

TIME _____

EASY

		9			2			3
		6	4	1		5		
5	7	1					4	
	5		2		6			8
	9						7	
6			7		3		2	
	3					7	8	1
		2		3	4	6		
1			9			2		

DATE _____

TIME _____

59

EASY

8			3	9		2		5
	1	2					7	
	4				1			9
5				4		9		
7			5		6			3
		6		2				8
6			1				3	
	9					5	4	
2		3		6	8			1

DATE _____

TIME _____

EASY

				8	7			2
		9	3			7	1	
	3	1					4	
	5		6					4
3				1				9
4					2		8	
	1					8	9	
	7	2			4	1		
8			5	9				

DATE _____

TIME _____

EASY

		5			6	7		
1	7			3			4	2
4				1				3
3			6		1			
	1	8				6	2	
			4		8			9
9				8				5
8	4			9			1	6
		1	7			4		

DATE

TIME

Questiom 052

7		5				9		
			5	4		1		
6	3				1			7
		3	1				7	
	7			9			8	
	9				6	5		
8			4				1	6
		6		7	9			
		7				8		5

DATE _____

TIME _____

63

EASY

9	1			7			8	5
4	7			2			6	3
			3		9			
		4	9		5	7		
7	5						1	8
		8	1		7	5		
			6		8			
5	3			1			9	2
8	9			3			4	7

DATE _____

TIME _____

EASY

		7			5			1
1			3			5		
9	4			2			8	
		1			6	7		
6	9			3			5	4
		3	9			6		
	5			6			1	9
		2			1			7
3			4			2		

DATE _____

TIME _____

EASY

	9		1			4		
7			5		6			8
		3		4			2	
	7		9			3		
2				5				4
		8			7		5	
	3			8		9		
5			7		4			3
		2			3		8	

DATE _____

TIME _____

EASY

		1	5			9		
				2	3			
5	4						7	1
		8			9			6
		6		7		5		
1			6			4		
3	7						1	5
			3	9				
		2			8	3		

DATE _____

TIME _____

EASY

	4	6				8	9	
	7		4		9		1	
5				8				6
		3	9		8	6		
9								2
		8	5		2	1		
4				5				3
	2		1		6		7	
	9	7				5	2	

DATE _____

TIME _____

EASY

	1	4			7			5
2			5	1		7		
6				2		3	9	
	3	1			5			2
		7		3		9		
9			1			5	3	
	8	3		4				6
		2		5	1			9
4			8			1	7	

DATE _____

TIME _____

EASY

9					6		7	
6				7		8		
	4	8			1			5
			9		5		3	
3		7				5		9
	1		7		8			
2			1			4	9	
		5		8				1
	8		4					6

DATE _____

TIME _____

EASY

	2					5		
	6	4					2	7
5			9		8		3	
		9		5		1		
	8		6		2		5	
		6		7		9		
	4		7		5			8
1	9					2	7	
		5					6	

DATE _____

TIME _____

EASY

	4						2	
2	5				8		7	9
8					1			6
			8	2				
	8	9				3	4	
				4	6			
9			5					3
3	2		9				6	5
	1						8	

DATE _____

TIME _____

72

EASY

		2		9		1		
		4		1		5		
9	3		8		4		2	7
2			5		1			4
	5	8				3	6	
7			2		3			5
4	1		9		5		8	6
		5		2		7		
		9		7		4		

DATE _____

TIME _____

73

EASY

		7		6		3		
6		8				4		1
4			3		8			5
	6			3			9	
		4				6		
	1			7			4	
5			1		9			6
8		1				2		3
		6		8		9		

DATE _____

TIME _____

EASY

2				5		3		6
	3				4		9	
		4		9		1		2
			6				1	
9		6		8		4		3
	8				3			
4		3		2		8		
	6		9				2	
8		7		6				1

DATE _____

TIME _____

75

EASY

8			9	7				1
	9	2					7	
	1				5	4		
9			8		4	6		
6								2
		5	1		6			8
		3	7				6	
	4					9	1	
7				6	1			4

DATE _____

TIME _____

EASY

1		8			7			9
						7	3	
7			9	8			6	
		1			9			6
		5		1		3		
2			6			4		
	3			6	8			1
	9	2						
4			2			8		5

DATE _____

TIME _____

77

EASY

		4				3		
	8			6			1	
6			3	9	7			8
		6		3		7		
	1	5	9		4	8	6	
		7		1		5		
5			6	4	8			2
	4			2			7	
		2				9		

DATE _____

TIME _____

EASY

	6	1						5
7			1			9		
5				3			2	
	9		7		3			
		8				5		
			2		9		4	
	7			6				2
		9			7			4
2						1	6	

DATE _____

TIME _____

79

EASY

	2	9	8				4	3
		5			3			1
3				4	1	9		
8	1							
7				2				5
							6	7
	4	1	8					6
6			9			5		
5	9				4	8	3	

DATE _____

TIME _____

80

EASY

3				8		1		
	5		4			2		
		7			2		5	9
	4		2			5		
9								2
		8			1		4	
1	2		7			9		
		4			6		8	
		6		9				3

DATE _____

TIME _____

81

EASY

3	1				8			
	7		9				5	
				2		4	6	
		9			4			2
	8						3	
4			6			8		
	2	6		5				
	4				3		7	
			7				4	9

DATE _____

TIME _____

EASY

		1				4		8
	6	5	1					
		3					9	
				8		1	5	2
	8		4		7		3	
3	1	9		6				
	2					3		
					5	8	1	
4		7				9		

DATE _____

TIME _____

EASY

	1			9			7	
5			6		2			4
		4				8		
	9		2		7		3	
		5		3		2		
	6		8		9		5	
		2				6		
3			4		5			7
	7			2			9	

DATE _____

TIME _____

EASY

	3			2			8	
5		9			7			4
			1				2	
	6			3		5		
8								9
		1		4			7	
	4				9			
7			6			2		3
	8			5			1	

DATE _____

TIME _____

85

EASY

			8		3			5
		4		9			2	
	9					4		
1					2			9
	6						3	
8			6					1
		3					4	
	2			7		3		
5			4		9			

DATE _____

TIME _____

EASY

9			2		4			8
		2		7		1		
	1		6		3		7	
5		8				2		7
	3			8			5	
7		1				6		4
	2		7		1		9	
		5		3		4		
4			5		6			3

DATE _____

TIME _____

EASY

			1			7		
		2	6		3		5	
	5		4			2		8
4	2	5	3				8	
				9				
	8				4	5	1	3
1		4			6		7	
	7		9		2	6		
		3			1			

DATE _____

TIME _____

EASY

	6			1		5		
1		5			2		3	
	3		7			4		8
		4		3			9	
8			6		7			2
	5			2		1		
6		7			1		4	
	4		8			9		5
		3		6			8	

DATE _____

TIME _____

EASY

4	5				9			7
7				6		2		
		6		5		1	9	
			6					8
	8	3				4	5	
5					1			
	1	8		7		3		
		9		8				2
6			2				4	1

DATE _____

TIME _____

90

EASY

	9				6		4	
3	7		2	4			1	8
			8	9				
8					4	3	7	
	3	7		2			4	6
	6	2	1					9
				5	7			
2	4			1	9		8	6
	1		6				9	

DATE _____

TIME _____

EASY

		8				3		
	9		4		6		5	
4				1				9
	5		7		2		1	
		6				9		
	2		8		3		4	
1				4				8
	7		5		1		2	
		5				7		

DATE _____

TIME _____

EASY

2		9						6
	6			1			3	
			8		5			7
		1		9		3		
	3		1		6		4	
		8		7		9		
8			9		4			
	2			8			1	
7						6		2

DATE _____

TIME _____

EASY

			9			1	5
	9			7			6
6	2			8			
		9			5	2	
2							7
3	1			4			
		2			7	8	
9		7			1		
5	7		3				

DATE _____

TIME _____

94

EASY

2			6			3		
	3			2	4			1
		4					8	
	8			5		2		
3			4		7			8
		6		1			3	
	2					5		
1			8	6			4	
		7			1			9

DATE _____

TIME _____

95

EASY

	2		4					
	6				5		9	3
		1		7		8		
	7		8					9
		3		9		1		
4					1		7	
		4		6		7		
9	8		2				4	
					3		2	

DATE _____

TIME _____

EASY

	3	5			7	4		
		7		5				1
6			9				2	7
9			4		1	6		
	1			9			5	
		2	7		5			3
5	4				2			6
8				3		7		
		6	5			9	1	

DATE _____

TIME _____

EASY

			8					1
3	7			6			9	
		8			3		2	
6	8				4			2
				5				
4			2				3	9
	1		3			4		
	6			9			5	8
2					7			

DATE _____

TIME _____

EASY

5								8
	6	3	4	7			2	
					2		7	
		7		3			4	
	8		5		9		1	
	1			8		2		
	3		7					
	9			2	8	6	3	
4								9

DATE _____

TIME _____

EASY

		3		1		5		
		2				9		
8			3		5			1
	6		8		9		7	
7		4		3		1		9
	8		4		1		2	
1			9		2			3
		7				8		
		9		5		6		

DATE _____

TIME _____

EASY

	4			6			9	
8			9			1		
		3			8			2
7			8				6	
		9		3		4		
	2				4			9
5			2			7		
		1			9			3
	6			1			4	

DATE _____

TIME _____

EASY

		2			6		7	
			9					5
	6			3		4		
		3			5		2	
4				2				9
	9		7			3		
		5		4			3	
9					2			
	1		6			7		

DATE _____

TIME _____

EASY

9			4		2			8
				5				
	7	1				9	5	
3				6				7
		2		4		6		
8				9				1
	4	5				7	8	
				1				
2			7		9			5

DATE _____

TIME _____

EASY

1					9		7	
		2		1			6	9
		4				8		
			9					3
	8		2		4		9	
6					1			
		1				4		
3	9			4		2		
	5		8					7

DATE _____

TIME _____

EASY

	3						5	
6			1		2			9
		8		6		4		
	2			4			3	
		4	7		5	6		
	5			3			7	
		7		1		9		
2			3		4			7
	9						2	

DATE

TIME

EASY

	1			5				7
		6	3			4	2	
2					1			
	3				6			5
	8						3	
7			2				8	
			6					4
	5	1			4	2		
3				8			7	

DATE _____

TIME _____

EASY

2			6		9			5
		3				8		
	6		2				9	
5		4			6			9
				7				
3			1			5		2
	1				2		6	
		7				3		
8			5		4			7

DATE _____

TIME _____

EASY

2			6				8	
		9		2		1		
	5				7			6
		3					4	
1			7		6			3
	4					5		
8			1				2	
		1		5		7		
	6				8			4

DATE _____

TIME _____

EASY

	2		6		7			
		1		4				6
6			8				3	
				1		9		7
	7		2		8		1	
3		4		9				
	5				6			2
9				5		7		
			3		4		8	

DATE _____

TIME _____

EASY

1				3				4
		8				6		
	2			6			5	
4			6		1			2
		6		7		8		
5			3		4			1
	4			2			1	
		1				7		
2				5				8

DATE _____

TIME _____

110

EASY

3			4			8		
	6			7	3			1
		9					5	
			2				6	
4				5				7
	3				4			
	5					3		
8			7	9			1	
		7			8			2

DATE _____

TIME _____

111

EASY

			8			6	
8			6	2		1		
	1	6				9		
	9		7		2			
4	7			3			5	9
			5		6		4	
		3				2	7	
		4		1	9			5
	8			5				

DATE _____

TIME _____

EASY

	7				4		9	
1		3				4		6
	8	6		1		5	2	
7			5					
		8				2		
					9			5
	3	5		6		9	4	
9		1				8		7
	4		1				6	

DATE _____

TIME _____

EASY

6			4		8			1
				5		4		
	7	9				5		
1			6					7
	5						4	
3					4			2
		3				6	7	
		4		9				
5			7		1			8

DATE _____

TIME _____

? ?

114

EASY

		8			2			5
		5		1		6		
2	4			6			9	
			8					6
	3	9				7	2	
1					7			
	7			3			4	8
		6		2		3		
9			5			1		

DATE _____

TIME _____

EASY

5					1		6	
			6			7		2
		9		8			3	
	2		7					1
		8				9		
9					3		4	
	4			6		3		
7		5			8			
	6		2					9

DATE _____

TIME _____

EASY

1				6			8	7
		2				6	5	
		8			5	4		
	9				7			
4								3
			1				2	
		3	8			9		
	4	5			9			
6	7			3				1

DATE _____

TIME _____

EASY

8				1			2	
	7		2			3		4
		6			8		7	
7						5		6
	2						9	
9		8						3
	5		3			8		
3		1			7		5	
	9			4				2

DATE _____

TIME _____

EASY

		9			5	2	8	
				4				1
2				3				7
			4					5
	1	2				3	9	
8					7			
5				1				3
1				8				
	4	7	9			5		

DATE _____

TIME _____

EASY

	3							5
8	6			9	7			
			4	1				
		9	1				8	
	8	7		2			5	1
	1				3	2		
				4	8			
			5	3			4	9
7							3	

DATE _____

TIME _____

EASY

4	8		2					1
2				7	1	5		
						8	2	
3			9				7	
	7			3			1	
	1				6			8
	5	7						
		2	4	8				7
6					7		3	2

DATE _____

TIME _____

EASY

	5			2				8
7		9			4			
	2		7			9		
		1		3			6	
4			2		8			9
	3			5		1		
		5			2		8	
			6			5		4
1				9			3	

DATE _____

TIME _____

EASY

		8						6
			5	1			2	
4					2	7		
	6		2			9		
	2			8			1	
		5			6		7	
		3	7					5
	8			9	1			
9						4		

DATE _____

TIME _____

EASY

	3			9			7	
	1		5		8		2	
		2				4		
7								6
		4	1		7	9		
9								8
		6				1		
	8		3		1		6	
	9			6			8	

DATE _____

TIME _____

Questiom 114

	3			9		4		
		5			2			7
7			4				2	
	7					2		
9				5				8
		3					1	
	8				1			5
4			6			9		
		1		3			6	

DATE _____

TIME _____

EASY

	2				8	9		
4			2					5
		6		4			8	
5			7			3		
	1						4	
		2			6			9
	5			7		1		
7					1			3
		8	3				6	

DATE _____

TIME _____

EASY

	1		5		2			9
		6				1		
5				6				
		9			7		1	
2				5				4
	7		8			2		
				7				3
		2				8		
8			1		9		5	

DATE _____

TIME _____

EASY

				4	3	6		
	5	3					7	
	9	4						8
			7					2
4				9				1
9					8			
3						4	5	
	2					9	1	
		7	6	1				

DATE _____

TIME _____

128

EASY

	5					3		
9				2	5		6	
		8	6					4
		6	4				5	
	2			6			7	
	9				7	8		
3					9	1		
	4		7	1				8
		7					2	

DATE _____

TIME _____

EASY

	5				8	1		
		2		6			4	
8			5					6
1					3	6		
	3						7	
		9	4					5
6					2			7
	2			9		8		
		3	6				9	

DATE _____

TIME _____

EASY

		1	8				4
			3			6		
6					9		7	
		6		4				1
	7		5		6		3	
3				2		9		
	9		2					5
		8			7			
2				1		4		

DATE _____

TIME _____

EASY

2				8	7			
		1			6	4		
	9					6	3	
			4				6	8
6				7				5
5	3				1			
	5	2					1	
		3	7			9		
			8	5				4

EASY

		3	1			4		
6					2			8
	2			9			3	
		1	4				2	
9								6
	4				6	7		
	8			5			6	
1			2					5
		4			9	8		

DATE

TIME

EASY

	8			1			3	
2					4			9
		6	2			8		
		1	7				4	
4				3				1
	9				8	2		
		7			9	4		
5			6					7
	3			8			9	

DATE _____

TIME _____

134

EASY

	8			2		1		
2			5			4		
				4			7	9
	6				8			
		9		1		7		
			9				3	
9	4			8				
		8			5			1
		7		9			6	

DATE _____

TIME _____

EASY

		6			8	9		
4			2					3
	1			6			7	
	7				9	6		
5								2
		8	4				9	
	8			5			2	
2					7			5
		1	6			4		

DATE _____

TIME _____

EASY

	9	1						
			3			5		6
	4		1		2			8
		5	6			2	4	
				4				
	8	2			7	3		
1			7		5		3	
2		3			1			
						6	7	

DATE _____

TIME _____

EASY

	1			7			5	
3			1		4			2
		4				9		
		1		8		5		
8	3						2	1
		2		4		6		
		6				7		
7			6		2			3
	5			1			4	

DATE _____

TIME _____

138

EASY

2			7				6	
	8			4		1		5
		6			2		3	
4				5		3		
	2		8		4		5	
		3		1				2
	7		5			2		
3		2		7			1	
	1				3			4

DATE _____

TIME _____

						8	7	
		7	2	4			6	5
	3	2	5					1
	1	5			3			
	6						8	
			6			1	3	
1					6	7	4	
2	7			1	8	9		
	8	4						

DATE _____

TIME _____

EASY

		9	7			3	8	
	7				4			5
1			6				4	
	2	6				1		
			1		3			
		4				6	3	
	5				8			7
7			5				1	
	4	3			1	2		

DATE _____

TIME _____

EASY

3						2		
5		6			7			
					9			4
						3	9	
		9	8		2	6		
	4	2						
6			3					
			4			5		7
		7						8

DATE _____

TIME _____

EASY

	9	1						
8				6	1	5		
3				4			9	
					3		1	
	6	7					8	2
	2		5					
	5			9				1
		6	3	8				4
						6	8	

DATE _____

TIME _____

EASY

2		7		1		9		8
		9				2		
8	3			9			5	6
			1		2			
6		3				5		4
			3		4			
7	1			4			6	5
		5				1		
9		6		8		3		7

DATE _____

TIME _____

EASY

		5			6	8		
	9			1			4	
6			3					2
		3			5		9	
9				3				8
	1		8			6		
8					4			5
	5			9			3	
		2	6			1		

DATE _____

TIME _____

EASY

		5	1				9	
	9			5		2		3
1				8			4	
6			5					
	2	1				5	6	
					3			4
	4			2				1
2		8		9			7	
	7				4	3		

DATE _____

TIME _____

EASY

3				5				8
	6			7			3	
9		7				5		1
	4		5		6		8	
7		6				1		3
	3		1		7		9	
2		3				8		7
	7			9			4	
8				1				6

DATE _____

TIME _____

147

EASY

6	4							8
3			9				5	
			4	7		2		
	5	2			8			
		9		1		6		
			7			3	1	
		8		2	1			
	7				3			1
2							4	6

DATE _____

TIME _____

EASY

	4		2		6	5		
	5	6	3			1	4	
								7
	2	9	1					8
6				4				1
7					8	3	4	
3								
		8	7		5	6	1	
		4	8		2		7	

EASY

5	7			8	9			6
			2					9
		2			7	1		
2		6					7	
1				5				4
	9					5		2
		7	9			2		
8					5			
4			8	7			3	1

DATE _____

TIME _____

EASY

1	5			7				2
		8			1			9
3			9	2			4	
5						4		
	1						9	
		6						8
	4			9	8			5
6			1			7		
7				4			2	3

DATE _____

TIME _____

EASY

Questiom 141

	4	6		2		3	5	
1			4		8			9
		5		7		4		
	2						1	
9								3
	1						6	
		1		3		2		
4			5		2			8
	6	2		9		7	4	

📅 DATE _____

⏱ TIME _____

EASY

3			9				5	
	6			7		4		8
2		9			8			
			6			1		5
	4						2	
5		7			2			
			7			2		1
7		1		9			3	
	5				4			6

DATE _____

TIME _____

EASY

	4	9	6					8
7			4				9	
2			5			4		
9	8	2			6			
				7				
			3			8	1	6
		5			3			9
	6				8			2
8					5	3	6	

DATE _____

TIME _____

154

EASY

9			2	5				7
		4					5	
	8				6	4		
	7		6			8		5
8				4				2
2		6			7		1	
		2	4				7	
	4					6		
6				7	8			9

DATE _____

TIME _____

EASY

		3	8			5		
5					4		1	
2				1				4
					6			7
	4	9					3	6
1			2					
9				4				5
	2		1					3
		7			3	2		

DATE _____

TIME _____

EASY

			5	7		4		
	9	3			1		7	
6								9
4			7			3		
	3			9			1	
		9			4			6
1								5
	4		6			8	3	
		6		1	5			

DATE _____

TIME _____

157

EASY

					9	4		
	7	2					5	
3			7	8			6	
2					4	6		
		7	8					2
	4			1	5			3
	8					2	4	
		5	3					

DATE _____

TIME _____

EASY

	1			5				7
		7	8		6	3		
2			1				6	8
8					4	5		
	2			3			1	
		3	6					4
7	4				5			3
		6	2		3	4		
3				7			2	

DATE _____

TIME _____

EASY

	9	4	1					
1				5	6			
3						8	9	
	2	1						5
			4		7			
8						3	4	
	7	5						6
			3	1				7
					9	5	8	

DATE _____

TIME _____

160

EASY

		9		7		5		
	4		5		6		7	
2				1				9
	1						9	
4		5		8		2		6
	2						4	
7				2				3
	9		6		4		1	
		1		3		6		

DATE

TIME

EASY

			3	1				8
	2	3			5			
4						5	1	
		6	7					5
	3			2			4	
2					1	3		
	1	5						2
			4			6	7	
7				3	6			

DATE _____

TIME _____

EASY

9		3	4					1
	2			5	6			
1						7	8	
		6	5					9
	7			4			1	
8					3	2		
	9	2						7
			8	6			9	
5					7	4		6

DATE _____

TIME _____

EASY

	8			1		7		
9			6				2	
	3				2			9
		5		3			6	
4			8		1			3
	7			9		8		
3			2				9	
	2				8			6
		7		6			3	

DATE _____

TIME _____

EASY

1		5				3		6
	9			1			5	
4			2		5			7
		1				2		
	6			5			9	
		7				4		
5			7		8			1
	7			2			3	
6		2				7		4

DATE _____

TIME _____

165

EASY

					4	5	6	
	5	6	9	7				8
	3							9
	6							2
	2			9			4	
9							8	
4							2	
2				4	5	3	7	
	8	5	3					

DATE _____

TIME _____

EASY

					8		5	7
1		5	2		4			
2							8	
				9			3	
			8		5			
	9			1				
	2							9
			5		7	1		2
3	1		6					

DATE _____

TIME _____

EASY

		6			4	2		
	1			3			4	
7			5					6
3			1		5	6		
	8						1	
		5	8		2			3
6					1			8
	4			9			7	
		3	4			1		

DATE _____

TIME _____

EASY

Questiom 158

3					8			
		5						6
		2					4	9
						8	2	
			3		7			
	9	6						
8	3					7		
4					9			
			6					5

DATE _____

TIME _____

EASY

Questiom 159

				6	5			
					3	2		
		6	8	7			4	1
		5	3				2	9
6		8					1		5
1	2				6	8		
	6	7		3	4	9		
		4	2					
			6	1				

EASY

		3	1			8		
7		6			2		9	
9				7				5
	7					1		6
		2		6		9		
3		1					4	
6				3				1
	4		9			5		8
		5			7	6		

DATE _____

TIME _____

EASY

5				2				4
	2		8		1		6	
6				4				1
		6				5		
	9		5		7		8	
		3				1		
7				1				3
	4		3		9		5	
9				5				6

DATE _____

TIME _____

EASY

		6			8		9	
1	5		2					6
					7	3		
	9		3			4		
2				6				1
		4			9		5	
		5	8					
6					1		3	8
	2		9			7		

DATE _____

TIME _____

173

EASY

		1	2				5	4
		3	4				6	7
		5	6				3	8
		7	8				2	1
2	8				1	5		
3	4				2	6		
5	1				3	7		
7	6				4	8		

DATE _____

TIME _____

EASY

6		1			4			3
4			2				6	
		3			7	1		
7			4			2		
	1			5			4	
		2			6			5
		4	3			7		
	5				8			1
8			6			9		2

DATE _____

TIME _____

EASY

		9						
	2			5	4	9		
3			2				6	
6		2			1			7
1		3				6		2
5			4			8		3
	3				9			1
		1	5	3			2	
						3		

DATE _____

TIME _____

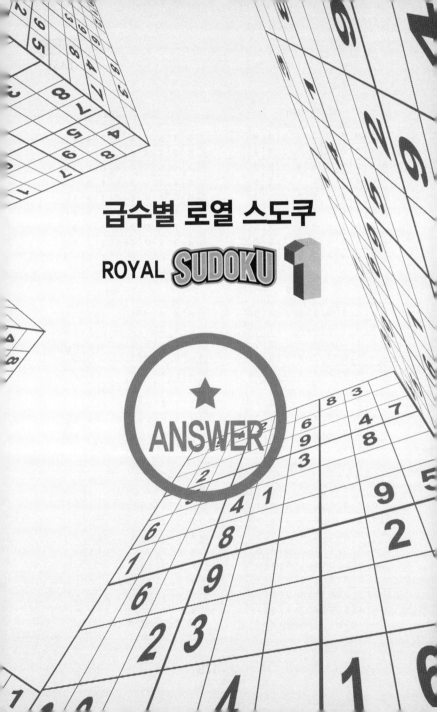

급수별 로열 스도쿠

ROYAL **SUDOKU** 1

★
ANSWER

ANSWER 001

1	9	5	7	3	2	6	4	8
4	7	6	1	8	5	2	3	9
8	3	2	9	6	4	1	5	7
3	4	7	6	9	1	8	2	5
6	2	9	8	5	7	3	1	4
5	1	8	2	4	3	9	7	6
7	8	1	5	2	9	4	6	3
9	5	3	4	1	6	7	8	2
2	6	4	3	7	8	5	9	1

ANSWER 002

3	1	6	2	8	9	7	4	5
4	8	7	3	6	5	9	1	2
2	5	9	1	7	4	6	8	3
5	4	2	9	3	8	1	6	7
8	9	1	6	5	7	3	2	4
7	6	3	4	1	2	5	9	8
1	7	4	5	2	6	8	3	9
9	3	5	8	4	1	2	7	6
6	2	8	7	9	3	4	5	1

ANSWER 003

2	4	3	9	1	5	7	6	8
8	9	7	6	3	2	4	1	5
6	1	5	4	8	7	2	3	9
1	5	2	3	7	8	6	9	4
3	6	9	2	4	1	5	8	7
7	8	4	5	9	6	3	2	1
4	7	8	1	2	3	9	5	6
5	3	1	7	6	9	8	4	2
9	2	6	8	5	4	1	7	3

ANSWER 004

8	6	7	9	1	2	4	3	5
2	4	9	5	3	6	8	1	7
5	1	3	7	4	8	6	2	9
6	8	2	3	7	5	1	9	4
3	9	1	2	8	4	5	7	6
7	5	4	6	9	1	3	8	2
1	7	5	8	6	9	2	4	3
4	3	6	1	2	7	9	5	8
9	2	8	4	5	3	7	6	1

ANSWER 005

9	8	1	4	7	2	6	5	3
6	7	3	1	5	8	9	2	4
4	5	2	9	6	3	8	1	7
2	3	4	6	8	5	7	9	1
5	1	6	7	4	9	3	8	2
7	9	8	2	3	1	5	4	6
1	2	7	5	9	6	4	3	8
8	6	9	3	1	4	2	7	5
3	4	5	8	2	7	1	6	9

ANSWER 006

6	5	8	4	3	2	1	9	7
2	3	9	7	1	8	5	4	6
7	1	4	6	5	9	3	2	8
8	2	7	1	9	3	6	5	4
9	4	3	5	6	7	8	1	2
1	6	5	2	8	4	7	3	9
4	8	2	3	7	5	9	6	1
3	9	1	8	4	6	2	7	5
5	7	6	9	2	1	4	8	3

ANSWER 007

5	2	6	4	7	8	1	3	9
4	1	9	3	6	5	2	8	7
8	3	7	1	9	2	4	5	6
1	5	3	7	2	6	8	9	4
9	4	2	8	1	3	6	7	5
6	7	8	9	5	4	3	1	2
7	8	1	2	4	9	5	6	3
2	9	5	6	3	1	7	4	8
3	6	4	5	8	7	9	2	1

ANSWER 008

2	8	4	6	9	5	7	3	1
1	3	9	4	8	7	2	5	6
6	7	5	1	2	3	4	8	9
4	1	3	7	5	9	6	2	8
7	2	6	3	4	8	9	1	5
9	5	8	2	6	1	3	4	7
3	9	2	5	1	6	8	7	4
8	4	1	9	7	2	5	6	3
5	6	7	8	3	4	1	9	2

ANSWER 009

7	8	5	3	6	4	9	1	2
9	1	4	8	2	5	3	6	7
2	6	3	9	7	1	8	5	4
5	3	9	2	8	6	4	7	1
8	4	2	7	1	9	6	3	5
6	7	1	5	4	3	2	9	8
4	5	8	6	9	7	1	2	3
1	9	7	4	3	2	5	8	6
3	2	6	1	5	8	7	4	9

ANSWER 010

2	3	7	8	9	4	1	6	5
8	5	4	6	1	3	9	2	7
6	9	1	7	2	5	4	8	3
7	1	5	3	4	8	2	9	6
9	6	2	1	5	7	8	3	4
4	8	3	2	6	9	7	5	1
3	2	9	4	7	6	5	1	8
1	4	6	5	8	2	3	7	9
5	7	8	9	3	1	6	4	2

ANSWER 011

7	2	8	6	9	3	1	4	5
1	3	6	5	7	4	9	2	8
4	9	5	1	8	2	6	3	7
9	8	3	7	5	1	4	6	2
6	1	7	4	2	9	5	8	3
2	5	4	8	3	6	7	9	1
5	6	1	3	4	8	2	7	9
8	4	2	9	1	7	3	5	6
3	7	9	2	6	5	8	1	4

ANSWER 012

3	5	7	9	4	8	1	6	2
1	8	2	7	6	3	5	9	4
6	4	9	2	1	5	3	8	7
8	6	3	1	9	2	4	7	5
5	9	1	4	3	7	8	2	6
2	7	4	8	5	6	9	1	3
7	3	8	5	2	1	6	4	9
4	2	6	3	8	9	7	5	1
9	1	5	6	7	4	2	3	8

ANSWER 013

3	1	2	6	8	5	9	4	7
9	4	8	1	7	3	2	5	6
6	7	5	4	9	2	3	8	1
7	9	4	5	6	8	1	3	2
8	6	1	3	2	9	5	7	4
2	5	3	7	4	1	8	6	9
5	3	6	9	1	7	4	2	8
1	8	7	2	3	4	6	9	5
4	2	9	8	5	6	7	1	3

ANSWER 014

9	2	6	7	3	4	5	8	1
5	4	1	9	8	2	3	6	7
8	3	7	5	1	6	9	4	2
6	7	2	4	5	8	1	9	3
3	5	8	1	2	9	4	7	6
4	1	9	6	7	3	8	2	5
2	8	4	3	6	5	7	1	9
7	9	5	2	4	1	6	3	8
1	6	3	8	9	7	2	5	4

ANSWER 015

6	7	4	1	5	3	8	2	9
1	8	5	6	9	2	7	4	3
3	9	2	8	4	7	1	6	5
7	2	1	9	8	6	3	5	4
5	3	6	2	1	4	9	8	7
9	4	8	3	7	5	2	1	6
4	5	3	7	2	8	6	9	1
2	1	7	5	6	9	4	3	8
8	6	9	4	3	1	5	7	2

ANSWER 016

7	6	2	3	4	8	5	9	1
4	8	9	1	5	2	7	6	3
1	3	5	6	9	7	4	8	2
5	4	8	7	2	3	6	1	9
2	9	6	5	1	4	3	7	8
3	7	1	9	8	6	2	5	4
9	2	3	8	6	5	1	4	7
8	5	7	4	3	1	9	2	6
6	1	4	2	7	9	8	3	5

ANSWER 017

7	6	2	9	5	4	8	1	3
3	4	1	8	7	6	9	5	2
8	9	5	1	3	2	6	7	4
9	8	6	4	2	7	5	3	1
5	1	7	3	8	9	2	4	6
2	3	4	5	6	1	7	9	8
1	2	9	6	4	5	3	8	7
6	5	3	7	1	8	4	2	9
4	7	8	2	9	3	1	6	5

ANSWER 018

9	7	3	6	4	2	1	8	5
4	5	1	8	3	9	7	2	6
6	8	2	7	5	1	4	9	3
1	3	5	9	7	4	8	6	2
7	6	8	3	2	5	9	1	4
2	4	9	1	6	8	3	5	7
3	9	7	2	1	6	5	4	8
5	1	6	4	8	3	2	7	9
8	2	4	5	9	7	6	3	1

ANSWER 019

2	1	4	7	5	9	3	8	6
8	9	5	6	3	4	2	1	7
6	3	7	2	1	8	9	5	4
4	6	2	9	8	5	1	7	3
1	8	9	3	4	7	6	2	5
7	5	3	1	6	2	8	4	9
5	4	6	8	9	1	7	3	2
3	7	1	5	2	6	4	9	8
9	2	8	4	7	3	5	6	1

ANSWER 020

5	9	6	3	2	1	7	4	8
4	2	7	5	9	8	6	1	3
3	8	1	4	7	6	5	9	2
6	3	2	9	1	4	8	5	7
9	4	8	7	6	5	3	2	1
7	1	5	2	8	3	4	6	9
8	6	4	1	3	9	2	7	5
2	5	9	8	4	7	1	3	6
1	7	3	6	5	2	9	8	4

ANSWER 021

4	1	5	3	9	7	8	6	2
7	8	6	2	4	1	5	3	9
3	2	9	8	6	5	7	4	1
9	5	7	6	8	2	4	1	3
2	4	8	1	5	3	9	7	6
6	3	1	4	7	9	2	8	5
8	6	2	5	3	4	1	9	7
5	7	3	9	1	8	6	2	4
1	9	4	7	2	6	3	5	8

ANSWER 022

2	1	4	7	6	5	8	3	9
6	5	7	3	9	8	1	2	4
9	3	8	2	1	4	6	5	7
7	9	2	1	3	6	4	8	5
3	4	1	8	5	9	2	7	6
8	6	5	4	7	2	3	9	1
1	8	9	6	2	7	5	4	3
4	7	3	5	8	1	9	6	2
5	2	6	9	4	3	7	1	8

ANSWER 023

2	4	1	5	6	3	8	7	9
8	3	5	9	4	7	2	1	6
9	6	7	2	8	1	5	4	3
7	8	3	1	9	6	4	5	2
6	9	2	4	5	8	1	3	7
5	1	4	3	7	2	9	6	8
1	5	8	7	3	9	6	2	4
3	2	9	6	1	4	7	8	5
4	7	6	8	2	5	3	9	1

ANSWER 024

6	3	2	8	1	9	5	4	7
7	1	8	5	6	4	3	9	2
4	5	9	7	2	3	8	6	1
1	6	7	4	9	8	2	5	3
2	8	4	6	3	5	7	1	9
3	9	5	1	7	2	6	8	4
5	4	3	9	8	7	1	2	6
9	2	1	3	5	6	4	7	8
8	7	6	2	4	1	9	3	5

ANSWER **025**

1	3	6	2	7	5	8	9	4
8	9	2	1	3	4	6	7	5
4	7	5	9	8	6	3	1	2
7	1	4	6	2	8	5	3	9
9	2	8	7	5	3	1	4	6
5	6	3	4	1	9	7	2	8
3	5	1	8	9	2	4	6	7
2	4	7	5	6	1	9	8	3
6	8	9	3	4	7	2	5	1

ANSWER **026**

4	8	9	3	7	1	2	6	5
2	3	5	8	4	6	1	7	9
7	6	1	9	2	5	8	4	3
5	4	3	7	1	8	9	2	6
8	1	6	2	5	9	4	3	7
9	7	2	6	3	4	5	8	1
6	5	8	4	9	7	3	1	2
1	2	4	5	6	3	7	9	8
3	9	7	1	8	2	6	5	4

ANSWER **027**

4	1	5	9	7	3	8	6	2
8	3	9	6	2	5	4	1	7
7	2	6	8	1	4	5	3	9
3	7	4	2	8	9	1	5	6
6	9	8	3	5	1	2	7	4
1	5	2	7	4	6	9	8	3
5	6	7	1	9	2	3	4	8
9	4	3	5	6	8	7	2	1
2	8	1	4	3	7	6	9	5

ANSWER **028**

2	7	9	1	4	8	5	6	3
8	6	5	3	7	9	4	2	1
3	1	4	5	2	6	7	9	8
7	8	6	9	5	2	3	1	4
5	2	3	4	8	1	9	7	6
4	9	1	6	3	7	2	8	5
6	3	2	7	1	5	8	4	9
9	5	7	8	6	4	1	3	2
1	4	8	2	9	3	6	5	7

ANSWER **029**

3	2	8	4	6	5	9	7	1
1	6	7	9	3	8	2	4	5
4	5	9	7	2	1	6	8	3
7	9	5	2	8	3	4	1	6
8	3	4	6	1	9	5	2	7
2	1	6	5	4	7	8	3	9
6	8	1	3	5	2	7	9	4
5	7	2	1	9	4	3	6	8
9	4	3	8	7	6	1	5	2

ANSWER **030**

2	9	5	3	4	6	7	1	8
3	7	6	8	5	1	2	9	4
1	8	4	2	9	7	6	5	3
7	3	9	6	1	4	8	2	5
6	1	8	5	3	2	4	7	9
5	4	2	9	7	8	3	6	1
9	6	7	1	8	3	5	4	2
8	2	1	4	6	5	9	3	7
4	5	3	7	2	9	1	8	6

ANSWER 031

5	8	3	2	9	7	6	1	4
4	6	9	8	3	1	2	7	5
7	2	1	4	5	6	9	3	8
9	3	2	5	6	4	7	8	1
1	5	8	3	7	9	4	2	6
6	4	7	1	2	8	3	5	9
8	7	5	6	4	3	1	9	2
2	9	6	7	1	5	8	4	3
3	1	4	9	8	2	5	6	7

ANSWER 032

3	5	2	9	1	6	4	8	7
8	4	6	3	7	5	1	2	9
7	9	1	4	8	2	5	6	3
9	6	7	8	5	1	2	3	4
4	2	8	6	3	7	9	5	1
1	3	5	2	4	9	6	7	8
5	7	9	1	2	3	8	4	6
2	1	4	7	6	8	3	9	5
6	8	3	5	9	4	7	1	2

ANSWER 033

7	8	5	9	2	4	6	3	1
6	4	2	7	3	1	8	9	5
9	1	3	5	6	8	7	4	2
5	2	1	3	7	9	4	6	8
3	7	8	4	5	6	1	2	9
4	9	6	8	1	2	3	5	7
2	6	4	1	8	5	9	7	3
1	5	7	6	9	3	2	8	4
8	3	9	2	4	7	5	1	6

ANSWER 034

2	9	1	6	4	5	7	8	3
5	8	7	3	2	9	4	6	1
6	3	4	1	8	7	2	9	5
4	5	2	7	6	1	8	3	9
9	7	8	4	5	3	1	2	6
1	6	3	2	9	8	5	4	7
3	2	5	8	7	6	9	1	4
8	1	9	5	3	4	6	7	2
7	4	6	9	1	2	3	5	8

ANSWER 035

2	6	8	5	7	9	3	4	1
4	7	1	3	6	8	2	9	5
9	3	5	1	2	4	7	8	6
1	5	2	6	8	3	9	7	4
6	9	7	2	4	1	5	3	8
8	4	3	7	9	5	1	6	2
7	8	4	9	1	2	6	5	3
3	1	6	4	5	7	8	2	9
5	2	9	8	3	6	4	1	7

ANSWER 036

2	7	3	6	1	9	8	4	5
5	1	9	7	8	4	6	2	3
6	4	8	5	3	2	7	1	9
9	6	1	8	4	3	2	5	7
7	8	5	2	6	1	3	9	4
3	2	4	9	7	5	1	8	6
8	9	2	3	5	7	4	6	1
1	3	6	4	9	8	5	7	2
4	5	7	1	2	6	9	3	8

ANSWER 037

1	6	8	4	7	2	3	5	9
2	5	9	3	6	8	4	7	1
4	3	7	5	9	1	8	6	2
5	2	6	9	8	7	1	4	3
8	1	4	2	3	6	5	9	7
7	9	3	1	4	5	2	8	6
3	4	2	6	5	9	7	1	8
6	8	5	7	1	3	9	2	4
9	7	1	8	2	4	6	3	5

ANSWER 038

7	3	9	1	5	2	4	8	6
8	1	6	7	4	3	2	9	5
5	4	2	8	6	9	7	3	1
4	6	8	9	1	5	3	7	2
3	2	5	6	8	7	1	4	9
1	9	7	2	3	4	5	6	8
6	7	3	5	2	8	9	1	4
9	5	1	4	7	6	8	2	3
2	8	4	3	9	1	6	5	7

ANSWER 039

1	3	6	4	8	5	2	9	7
8	9	2	7	3	1	6	4	5
4	5	7	9	2	6	1	8	3
2	6	5	8	1	4	3	7	9
7	1	9	5	6	3	8	2	4
3	8	4	2	9	7	5	1	6
9	7	3	1	5	8	4	6	2
5	4	8	6	7	2	9	3	1
6	2	1	3	4	9	7	5	8

ANSWER 040

5	7	4	8	3	9	2	6	1
1	3	9	2	6	5	7	4	8
8	6	2	4	1	7	9	3	5
7	9	3	6	8	1	4	5	2
6	1	5	9	2	4	8	7	3
4	2	8	7	5	3	1	9	6
3	5	7	1	4	8	6	2	9
2	4	1	3	9	6	5	8	7
9	8	6	5	7	2	3	1	4

ANSWER 041

3	8	9	7	1	4	5	6	2
4	6	2	5	9	8	3	1	7
1	7	5	6	3	2	8	4	9
6	1	8	3	2	5	7	9	4
5	4	7	8	6	9	2	3	1
2	9	3	1	4	7	6	5	8
7	3	6	4	8	1	9	2	5
8	2	1	9	5	6	4	7	3
9	5	4	2	7	3	1	8	6

ANSWER 042

7	9	8	2	1	3	6	4	5
1	2	5	6	4	7	9	8	3
3	6	4	8	5	9	1	2	7
8	3	7	9	2	4	5	1	6
4	1	2	7	6	5	3	9	8
9	5	6	1	3	8	4	7	2
2	8	3	4	9	6	7	5	1
5	4	1	3	7	2	8	6	9
6	7	9	5	8	1	2	3	4

ANSWER 043

5	7	9	8	2	6	3	4	1
4	3	2	5	9	1	7	8	6
1	6	8	3	7	4	5	9	2
8	1	4	6	3	7	2	5	9
6	2	5	1	4	9	8	7	3
3	9	7	2	8	5	1	6	4
2	4	6	7	1	8	9	3	5
7	5	1	9	6	3	4	2	8
9	8	3	4	5	2	6	1	7

ANSWER 044

2	1	3	5	9	4	7	6	8
6	9	8	3	1	7	5	2	4
7	4	5	6	2	8	1	3	9
1	5	4	8	3	2	6	9	7
8	6	7	9	4	5	2	1	3
9	3	2	1	7	6	8	4	5
3	2	1	7	5	9	4	8	6
5	8	9	4	6	1	3	7	2
4	7	6	2	8	3	9	5	1

ANSWER 045

4	3	1	6	5	9	7	8	2
6	2	9	7	8	1	4	3	5
7	5	8	4	2	3	1	9	6
1	4	3	5	7	6	9	2	8
8	7	5	1	9	2	3	6	4
9	6	2	8	3	4	5	1	7
2	8	7	9	1	5	6	4	3
3	9	4	2	6	7	8	5	1
5	1	6	3	4	8	2	7	9

ANSWER 046

9	8	1	7	3	4	2	6	5
4	6	2	9	5	1	3	7	8
5	7	3	6	8	2	4	1	9
2	3	7	4	6	5	8	9	1
1	4	5	8	2	9	7	3	6
8	9	6	1	7	3	5	2	4
6	5	4	3	9	7	1	8	2
3	1	8	2	4	6	9	5	7
7	2	9	5	1	8	6	4	3

ANSWER 047

1	6	7	5	9	8	3	4	2
5	8	2	4	7	3	6	1	9
4	3	9	2	6	1	5	7	8
2	7	1	6	8	5	9	3	4
6	9	5	3	4	2	1	8	7
8	4	3	7	1	9	2	6	5
3	2	8	1	5	7	4	9	6
9	1	6	8	2	4	7	5	3
7	5	4	9	3	6	8	2	1

ANSWER 048

8	4	9	5	7	2	1	6	3
3	2	6	4	1	8	5	9	7
5	7	1	3	6	9	8	4	2
4	5	7	2	9	6	3	1	8
2	9	3	8	5	1	4	7	6
6	1	8	7	4	3	9	2	5
9	3	4	6	2	5	7	8	1
7	8	2	1	3	4	6	5	9
1	6	5	9	8	7	2	3	4

ANSWER 049

8	6	7	3	9	4	2	1	5
9	1	2	6	8	5	3	7	4
3	4	5	2	7	1	6	8	9
5	2	1	8	4	3	9	6	7
7	8	9	5	1	6	4	2	3
4	3	6	9	2	7	1	5	8
6	7	4	1	5	9	8	3	2
1	9	8	7	3	2	5	4	6
2	5	3	4	6	8	7	9	1

ANSWER 050

6	4	5	1	8	7	9	3	2
2	8	9	3	4	6	7	1	5
7	3	1	9	2	5	6	4	8
1	5	8	6	3	9	2	7	4
3	2	7	4	1	8	5	6	9
4	9	6	7	5	2	3	8	1
5	1	4	2	7	3	8	9	6
9	7	2	8	6	4	1	5	3
8	6	3	5	9	1	4	2	7

ANSWER 051

2	3	5	9	4	6	7	8	1
1	7	6	8	3	5	9	4	2
4	8	9	2	1	7	5	6	3
3	9	4	6	2	1	8	5	7
7	1	8	3	5	9	6	2	4
6	5	2	4	7	8	1	3	9
9	6	3	1	8	4	2	7	5
8	4	7	5	9	2	3	1	6
5	2	1	7	6	3	4	9	8

ANSWER 052

7	1	5	2	6	3	9	4	8
9	8	2	5	4	7	1	6	3
6	3	4	9	8	1	2	5	7
2	6	3	1	5	8	4	7	9
5	7	1	3	9	4	6	8	2
4	9	8	7	2	6	5	3	1
8	2	9	4	3	5	7	1	6
1	5	6	8	7	9	3	2	4
3	4	7	6	1	2	8	9	5

ANSWER 053

9	1	3	4	7	6	2	8	5
4	7	5	8	2	1	9	6	3
6	8	2	3	5	9	1	7	4
1	2	4	9	8	5	7	3	6
7	5	9	2	6	3	4	1	8
3	6	8	1	4	7	5	2	9
2	4	7	6	9	8	3	5	1
5	3	6	7	1	4	8	9	2
8	9	1	5	3	2	6	4	7

ANSWER 054

2	3	7	6	8	5	9	4	1
1	8	6	3	4	9	5	7	2
9	4	5	1	2	7	3	8	6
4	2	1	8	5	6	7	9	3
6	9	8	7	3	2	1	5	4
5	7	3	9	1	4	6	2	8
7	5	4	2	6	3	8	1	9
8	6	2	5	9	1	4	3	7
3	1	9	4	7	8	2	6	5

ANSWER 055

8	9	6	1	7	2	4	3	5
7	2	4	5	3	6	1	9	8
1	5	3	8	4	9	7	2	6
4	7	5	9	6	8	3	1	2
2	6	9	3	5	1	8	7	4
3	1	8	4	2	7	6	5	9
6	3	7	2	8	5	9	4	1
5	8	1	7	9	4	2	6	3
9	4	2	6	1	3	5	8	7

ANSWER 056

2	6	1	5	4	7	9	3	8
9	8	7	1	2	3	6	5	4
5	4	3	9	8	6	2	7	1
7	3	8	4	5	9	1	2	6
4	2	6	8	7	1	5	9	3
1	9	5	6	3	2	4	8	7
3	7	9	2	6	4	8	1	5
8	1	4	3	9	5	7	6	2
6	5	2	7	1	8	3	4	9

ANSWER 057

1	4	6	3	2	5	8	9	7
8	7	2	4	6	9	3	1	5
5	3	9	7	8	1	2	4	6
2	1	3	9	7	8	6	5	4
9	5	4	6	1	3	7	8	2
7	6	8	5	4	2	1	3	9
4	8	1	2	5	7	9	6	3
3	2	5	1	9	6	4	7	8
6	9	7	8	3	4	5	2	1

ANSWER 058

3	1	4	6	9	7	8	2	5
2	9	8	5	1	3	7	6	4
6	7	5	4	2	8	3	9	1
8	3	1	9	7	5	6	4	2
5	4	7	2	3	6	9	1	8
9	2	6	1	8	4	5	3	7
1	8	3	7	4	9	2	5	6
7	6	2	3	5	1	4	8	9
4	5	9	8	6	2	1	7	3

ANSWER 059

9	5	1	8	4	6	2	7	3
6	3	2	5	7	9	8	1	4
7	4	8	3	2	1	9	6	5
8	2	4	9	6	5	1	3	7
3	6	7	2	1	4	5	8	9
5	1	9	7	3	8	6	4	2
2	7	6	1	5	3	4	9	8
4	9	5	6	8	7	3	2	1
1	8	3	4	9	2	7	5	6

ANSWER 060

8	2	3	4	6	7	5	1	9
9	6	4	5	3	1	8	2	7
5	1	7	9	2	8	6	3	4
2	7	9	8	5	3	1	4	6
4	8	1	6	9	2	7	5	3
3	5	6	1	7	4	9	8	2
6	4	2	7	1	5	3	9	8
1	9	8	3	4	6	2	7	5
7	3	5	2	8	9	4	6	1

ANSWER 061

1	4	6	7	9	3	5	2	8
2	5	3	4	6	8	1	7	9
8	9	7	2	5	1	4	3	6
4	3	1	8	2	9	6	5	7
6	8	9	1	7	5	3	4	2
5	7	2	3	4	6	8	9	1
9	6	4	5	8	7	2	1	3
3	2	8	9	1	4	7	6	5
7	1	5	6	3	2	9	8	4

ANSWER 062

5	6	2	3	9	7	1	4	8
8	7	4	6	1	2	5	3	9
9	3	1	8	5	4	6	2	7
2	9	3	5	6	1	8	7	4
1	5	8	7	4	9	3	6	2
7	4	6	2	8	3	9	1	5
4	1	7	9	3	5	2	8	6
3	8	5	4	2	6	7	9	1
6	2	9	1	7	8	4	5	3

ANSWER 063

1	5	7	4	6	2	3	8	9
6	3	8	7	9	5	4	2	1
4	2	9	3	1	8	7	6	5
7	6	5	8	3	4	1	9	2
9	8	4	2	5	1	6	3	7
3	1	2	9	7	6	5	4	8
5	4	3	1	2	9	8	7	6
8	9	1	6	4	7	2	5	3
2	7	6	5	8	3	9	1	4

ANSWER 064

2	1	9	8	5	7	3	4	6
6	3	8	2	1	4	5	9	7
7	5	4	3	9	6	1	8	2
3	4	5	6	7	9	2	1	8
9	7	6	1	8	2	4	5	3
1	8	2	5	4	3	6	7	9
4	9	3	7	2	1	8	6	5
5	6	1	9	3	8	7	2	4
8	2	7	4	6	5	9	3	1

ANSWER 065

8	6	4	9	7	2	5	3	1
5	9	2	4	1	3	8	7	6
3	1	7	6	8	5	4	2	9
9	7	1	8	2	4	6	5	3
6	3	8	5	9	7	1	4	2
4	2	5	1	3	6	7	9	8
1	8	3	7	4	9	2	6	5
2	4	6	3	5	8	9	1	7
7	5	9	2	6	1	3	8	4

ANSWER 066

1	6	8	3	4	7	2	5	9
9	2	4	1	5	6	7	3	8
7	5	3	9	8	2	1	6	4
3	4	1	7	2	9	5	8	6
6	7	5	8	1	4	3	9	2
2	8	9	6	3	5	4	1	7
5	3	7	4	6	8	9	2	1
8	9	2	5	7	1	6	4	3
4	1	6	2	9	3	8	7	5

ANSWER 067

7	5	4	2	8	1	3	9	6
9	8	3	4	6	5	2	1	7
6	2	1	3	9	7	4	5	8
8	9	6	5	3	2	7	4	1
2	1	5	9	7	4	8	6	3
4	3	7	8	1	6	5	2	9
5	7	9	6	4	8	1	3	2
3	4	8	1	2	9	6	7	5
1	6	2	7	5	3	9	8	4

ANSWER 068

9	6	1	8	7	2	4	3	5
7	3	2	1	4	5	9	8	6
5	8	4	9	3	6	7	2	1
4	9	6	7	5	3	2	1	8
3	2	8	6	1	4	5	7	9
1	5	7	2	8	9	6	4	3
8	7	5	4	6	1	3	9	2
6	1	9	3	2	7	8	5	4
2	4	3	5	9	8	1	6	7

ANSWER 069

1	2	9	8	5	7	6	4	3
4	8	5	6	9	3	2	7	1
3	6	7	2	4	1	9	5	8
8	1	3	5	7	6	4	2	9
7	4	6	3	2	9	1	8	5
9	5	2	4	1	8	3	6	7
2	3	4	1	8	5	7	9	6
6	7	8	9	3	2	5	1	4
5	9	1	7	6	4	8	3	2

ANSWER 070

3	6	2	5	8	9	1	7	4
8	5	9	4	1	7	2	3	6
4	1	7	6	3	2	8	5	9
6	4	1	2	7	3	5	9	8
9	7	5	8	6	4	3	1	2
2	3	8	9	5	1	6	4	7
1	2	3	7	4	8	9	6	5
5	9	4	3	2	6	7	8	1
7	8	6	1	9	5	4	2	3

ANSWER 071

3	1	4	5	6	8	9	2	7
6	7	2	9	4	1	3	5	8
8	9	5	3	2	7	4	6	1
5	6	9	8	3	4	7	1	2
2	8	7	1	9	5	6	3	4
4	3	1	6	7	2	8	9	5
7	2	6	4	5	9	1	8	3
9	4	8	2	1	3	5	7	6
1	5	3	7	8	6	2	4	9

ANSWER 072

2	9	1	7	5	3	4	6	8
8	6	5	1	9	4	2	7	3
7	4	3	6	2	8	5	9	1
6	7	4	3	8	9	1	5	2
5	8	2	4	1	7	6	3	9
3	1	9	5	6	2	7	8	4
1	2	8	9	7	6	3	4	5
9	3	6	2	4	5	8	1	7
4	5	7	8	3	1	9	2	6

ANSWER 073

6	1	8	5	9	4	3	7	2
5	3	7	6	8	2	9	1	4
9	2	4	7	1	3	8	6	5
8	9	1	2	5	7	4	3	6
7	4	5	1	3	6	2	8	9
2	6	3	8	4	9	7	5	1
1	5	2	9	7	8	6	4	3
3	8	9	4	6	5	1	2	7
4	7	6	3	2	1	5	9	8

ANSWER 074

1	3	6	4	2	5	9	8	7
5	2	9	8	6	7	1	3	4
4	7	8	1	9	3	6	2	5
2	6	7	9	3	8	5	4	1
8	5	4	2	7	1	3	6	9
3	9	1	5	4	6	8	7	2
6	4	2	3	1	9	7	5	8
7	1	5	6	8	4	2	9	3
9	8	3	7	5	2	4	1	6

ANSWER 075

7	1	2	8	4	3	9	6	5
3	5	4	1	9	6	7	2	8
6	9	8	7	2	5	4	1	3
1	4	7	3	8	2	6	5	9
2	6	5	9	1	7	8	3	4
8	3	9	6	5	4	2	7	1
9	8	3	2	6	1	5	4	7
4	2	1	5	7	8	3	9	6
5	7	6	4	3	9	1	8	2

ANSWER 076

9	5	7	2	1	4	3	6	8
3	6	2	8	7	5	1	4	9
8	1	4	6	9	3	5	7	2
5	4	8	1	6	9	2	3	7
2	3	6	4	8	7	9	5	1
7	9	1	3	5	2	6	8	4
6	2	3	7	4	1	8	9	5
1	7	5	9	3	8	4	2	6
4	8	9	5	2	6	7	1	3

ANSWER 077

8	3	9	1	2	5	7	6	4
7	4	2	6	8	3	1	5	9
6	5	1	4	7	9	2	3	8
4	2	5	3	1	7	9	8	6
3	1	6	5	9	8	4	2	7
9	8	7	2	6	4	5	1	3
1	9	4	8	5	6	3	7	2
5	7	8	9	3	2	6	4	1
2	6	3	7	4	1	8	9	5

ANSWER 078

4	6	8	3	1	9	5	2	7
1	7	5	4	8	2	6	3	9
9	3	2	7	5	6	4	1	8
7	2	4	1	3	5	8	9	6
8	1	9	6	4	7	3	5	2
3	5	6	9	2	8	1	7	4
6	8	7	5	9	1	2	4	3
2	4	1	8	7	3	9	6	5
5	9	3	2	6	4	7	8	1

ANSWER 079

4	5	2	3	1	9	6	8	7
7	9	1	4	6	8	2	3	5
8	3	6	7	5	2	1	9	4
9	2	4	6	3	5	7	1	8
1	8	3	9	2	7	4	5	6
5	6	7	8	4	1	9	2	3
2	1	8	5	7	4	3	6	9
3	4	9	1	8	6	5	7	2
6	7	5	2	9	3	8	4	1

ANSWER 080

1	9	8	7	3	6	2	4	5
3	7	6	2	4	5	9	1	8
5	2	4	8	9	1	6	3	7
8	5	1	9	6	4	3	7	2
9	3	7	5	2	8	4	6	1
4	6	2	1	7	3	8	5	9
6	8	9	4	5	7	1	2	3
2	4	5	3	1	9	7	8	6
7	1	3	6	8	2	5	9	4

ANSWER 081

5	1	8	2	7	9	3	6	4
2	9	3	4	8	6	1	5	7
4	6	7	3	1	5	2	8	9
9	5	4	7	6	2	8	1	3
3	8	6	1	5	4	9	7	2
7	2	1	8	9	3	6	4	5
1	3	2	6	4	7	5	9	8
8	7	9	5	3	1	4	2	6
6	4	5	9	2	8	7	3	1

ANSWER 082

2	8	9	7	4	3	1	5	6
5	6	7	2	1	9	8	3	4
1	4	3	8	6	5	2	9	7
6	7	1	4	9	8	3	2	5
9	3	2	1	5	6	7	4	8
4	5	8	3	7	2	9	6	1
8	1	6	9	2	4	5	7	3
3	2	5	6	8	7	4	1	9
7	9	4	5	3	1	6	8	2

ANSWER 083

3	4	7	6	9	2	8	1	5
8	5	9	4	1	7	2	3	6
1	6	2	3	5	8	9	7	4
4	8	6	9	7	3	5	2	1
2	9	5	8	6	1	3	4	7
7	3	1	5	2	4	6	9	8
6	1	3	2	4	5	7	8	9
9	2	4	7	8	6	1	5	3
5	7	8	1	3	9	4	6	2

ANSWER 084

2	1	9	6	8	5	3	7	4
7	3	8	9	2	4	6	5	1
5	6	4	1	7	3	9	8	2
4	8	1	3	5	6	2	9	7
3	5	2	4	9	7	1	6	8
9	7	6	2	1	8	4	3	5
8	2	3	7	4	9	5	1	6
1	9	5	8	6	2	7	4	3
6	4	7	5	3	1	8	2	9

ANSWER 085

3	2	9	4	8	6	5	1	7
8	6	7	1	2	5	4	9	3
5	4	1	3	7	9	8	6	2
1	7	2	8	5	4	6	3	9
6	5	3	7	9	2	1	8	4
4	9	8	6	3	1	2	7	5
2	3	4	9	6	8	7	5	1
9	8	5	2	1	7	3	4	6
7	1	6	5	4	3	9	2	8

ANSWER 086

1	3	5	2	6	7	4	8	9
2	9	7	8	5	4	3	6	1
6	8	4	9	1	3	5	2	7
9	5	3	4	2	1	6	7	8
7	1	8	3	9	6	2	5	4
4	6	2	7	8	5	1	9	3
5	4	9	1	7	2	8	3	6
8	2	1	6	3	9	7	4	5
3	7	6	5	4	8	9	1	2

ANSWER 087

5	2	6	8	7	9	3	4	1
3	7	4	1	6	2	8	9	5
1	9	8	5	4	3	7	2	6
6	8	1	9	3	4	5	7	2
9	3	2	7	5	6	1	8	4
4	5	7	2	1	8	6	3	9
8	1	9	3	2	5	4	6	7
7	6	3	4	9	1	2	5	8
2	4	5	6	8	7	9	1	3

ANSWER 088

5	7	2	9	1	3	4	6	8
8	6	3	4	7	5	9	2	1
1	4	9	8	6	2	5	7	3
9	5	7	2	3	1	8	4	6
2	8	6	5	4	9	3	1	7
3	1	4	6	8	7	2	9	5
6	3	8	7	9	4	1	5	2
7	9	5	1	2	8	6	3	4
4	2	1	3	5	6	7	8	9

ANSWER 089

4	9	3	2	1	7	5	6	8
5	1	2	6	8	4	9	3	7
8	7	6	3	9	5	2	4	1
3	6	1	8	2	9	4	7	5
7	2	4	5	3	6	1	8	9
9	8	5	4	7	1	3	2	6
1	4	8	9	6	2	7	5	3
6	5	7	1	4	3	8	9	2
2	3	9	7	5	8	6	1	4

ANSWER 090

2	4	7	3	6	1	8	9	5
8	5	6	9	2	7	1	3	4
9	1	3	4	5	8	6	7	2
7	3	4	8	9	2	5	6	1
1	8	9	5	3	6	4	2	7
6	2	5	1	7	4	3	8	9
5	9	8	2	4	3	7	1	6
4	7	1	6	8	9	2	5	3
3	6	2	7	1	5	9	4	8

ANSWER

ANSWER 091

1	4	2	5	8	6	9	7	3
3	7	8	9	1	4	2	6	5
5	6	9	2	3	7	4	1	8
6	8	3	4	9	5	1	2	7
4	5	7	3	2	1	6	8	9
2	9	1	7	6	8	3	5	4
7	2	5	1	4	9	8	3	6
9	3	6	8	7	2	5	4	1
8	1	4	6	5	3	7	9	2

ANSWER 092

9	5	3	4	7	2	1	6	8
6	2	8	9	5	1	3	7	4
4	7	1	6	3	8	9	5	2
3	9	4	1	6	5	8	2	7
5	1	2	8	4	7	6	9	3
8	6	7	2	9	3	5	4	1
1	4	5	3	2	6	7	8	9
7	8	9	5	1	4	2	3	6
2	3	6	7	8	9	4	1	5

ANSWER 093

1	3	8	6	2	9	5	7	4
5	7	2	4	1	8	3	6	9
9	6	4	5	7	3	8	2	1
2	1	5	9	8	7	6	4	3
7	8	3	2	6	4	1	9	5
6	4	9	3	5	1	7	8	2
8	2	1	7	9	5	4	3	6
3	9	7	1	4	6	2	5	8
4	5	6	8	3	2	9	1	7

ANSWER 094

1	3	2	4	8	9	7	5	6
6	4	5	1	7	2	3	8	9
9	7	8	5	6	3	4	1	2
7	2	9	8	4	6	1	3	5
3	1	4	7	2	5	6	9	8
8	5	6	9	3	1	2	7	4
5	6	7	2	1	8	9	4	3
2	8	1	3	9	4	5	6	7
4	9	3	6	5	7	8	2	1

ANSWER 095

8	1	3	4	5	2	9	6	7
5	9	6	3	7	8	4	2	1
2	4	7	9	6	1	8	5	3
1	3	2	8	9	6	7	4	5
4	8	9	5	1	7	6	3	2
7	6	5	2	4	3	1	8	9
9	7	8	6	2	5	3	1	4
6	5	1	7	3	4	2	9	8
3	2	4	1	8	9	5	7	6

ANSWER 096

2	4	1	6	8	9	7	3	5
9	5	3	4	1	7	8	2	6
7	6	8	2	5	3	4	9	1
5	7	4	3	2	6	1	8	9
1	8	2	9	7	5	6	4	3
3	9	6	1	4	8	5	7	2
4	1	5	7	3	2	9	6	8
6	2	7	8	9	1	3	5	4
8	3	9	5	6	4	2	1	7

ANSWER 097

2	1	7	6	3	5	4	8	9
6	3	9	8	2	4	1	5	7
4	5	8	9	1	7	2	3	6
7	8	3	5	9	1	6	4	2
1	2	5	7	4	6	8	9	3
9	4	6	2	8	3	5	7	1
8	7	4	1	6	9	3	2	5
3	9	1	4	5	2	7	6	8
5	6	2	3	7	8	9	1	4

ANSWER 098

4	2	5	6	3	7	8	9	1
8	3	1	5	4	9	2	7	6
6	9	7	8	2	1	4	3	5
2	8	6	4	1	3	9	5	7
5	7	9	2	6	8	3	1	4
3	1	4	7	9	5	6	2	8
7	5	3	9	8	6	1	4	2
9	4	8	1	5	2	7	6	3
1	6	2	3	7	4	5	8	9

ANSWER 099

1	6	9	5	3	7	2	8	4
7	5	8	4	1	2	6	3	9
3	2	4	9	6	8	1	5	7
4	8	3	6	9	1	5	7	2
9	1	6	2	7	5	8	4	3
5	7	2	3	8	4	9	6	1
8	4	5	7	2	9	3	1	6
6	9	1	8	4	3	7	2	5
2	3	7	1	5	6	4	9	8

ANSWER 100

3	7	5	4	1	9	8	2	6
2	6	8	5	7	3	9	4	1
1	4	9	6	8	2	7	5	3
5	8	1	2	3	7	4	6	9
4	9	6	8	5	1	2	3	7
7	3	2	9	6	4	1	8	5
9	5	4	1	2	6	3	7	8
8	2	3	7	9	5	6	1	4
6	1	7	3	4	8	5	9	2

ANSWER 101

3	2	7	9	8	1	5	6	4
8	4	9	6	2	5	1	3	7
5	1	6	4	7	3	9	2	8
6	9	5	7	4	2	8	1	3
4	7	2	1	3	8	6	5	9
1	3	8	5	9	6	7	4	2
9	5	3	8	6	4	2	7	1
7	6	4	2	1	9	3	8	5
2	8	1	3	5	7	4	9	6

ANSWER 102

5	7	2	6	3	4	1	9	8
1	9	3	8	5	2	4	7	6
4	8	6	9	1	7	5	2	3
7	2	9	5	8	1	6	3	4
3	5	8	4	7	6	2	1	9
6	1	4	3	2	9	7	8	5
2	3	5	7	6	8	9	4	1
9	6	1	2	4	3	8	5	7
8	4	7	1	9	5	3	6	2

ANSWER

ANSWER 103

6	2	5	4	3	8	7	9	1
8	3	1	9	5	7	4	2	6
4	7	9	1	6	2	5	8	3
1	4	8	6	2	9	3	5	7
2	5	6	8	7	3	1	4	9
3	9	7	5	1	4	8	6	2
9	1	3	2	8	5	6	7	4
7	8	4	3	9	6	2	1	5
5	6	2	7	4	1	9	3	8

ANSWER 104

6	1	8	9	7	2	4	3	5
3	9	5	4	1	8	6	7	2
2	4	7	3	6	5	8	9	1
7	5	2	8	4	3	9	1	6
8	3	9	1	5	6	7	2	4
1	6	4	2	9	7	5	8	3
5	7	1	6	3	9	2	4	8
4	8	6	7	2	1	3	5	9
9	2	3	5	8	4	1	6	7

ANSWER 105

5	3	2	9	7	1	4	6	8
1	8	4	6	3	5	7	9	2
6	7	9	4	8	2	1	3	5
3	2	6	7	9	4	8	5	1
4	5	8	1	2	6	9	7	3
9	1	7	8	5	3	2	4	6
2	4	1	5	6	9	3	8	7
7	9	5	3	1	8	6	2	4
8	6	3	2	4	7	5	1	9

ANSWER 106

1	5	2	9	6	4	3	8	7
7	3	4	2	8	1	6	5	9
9	6	8	3	7	5	4	1	2
3	9	1	4	2	7	5	6	8
4	2	7	6	5	8	1	9	3
5	8	6	1	9	3	7	2	4
2	1	3	8	4	6	9	7	5
8	4	5	7	1	9	2	3	6
6	7	9	5	3	2	8	4	1

ANSWER 107

8	4	9	7	1	3	6	2	5
1	7	5	2	6	9	3	8	4
2	3	6	4	5	8	9	7	1
7	1	3	9	8	2	5	4	6
5	2	4	1	3	6	7	9	8
9	6	8	5	7	4	2	1	3
4	5	2	3	9	1	8	6	7
3	8	1	6	2	7	4	5	9
6	9	7	8	4	5	1	3	2

ANSWER 108

4	3	9	1	7	5	2	8	6
6	7	5	2	4	8	9	3	1
2	8	1	6	3	9	4	5	7
9	6	3	4	2	1	8	7	5
7	1	2	8	5	6	3	9	4
8	5	4	3	9	7	1	6	2
5	9	8	7	1	4	6	2	3
1	2	6	5	8	3	7	4	9
3	4	7	9	6	2	5	1	8

ANSWER 109

4	3	1	6	8	2	9	7	5
8	6	5	3	9	7	4	2	1
9	7	2	4	1	5	8	6	3
2	4	9	1	5	6	3	8	7
3	8	7	9	2	4	5	1	6
5	1	6	8	7	3	2	9	4
1	9	3	7	4	8	6	5	2
6	2	8	5	3	1	7	4	9
7	5	4	2	6	9	1	3	8

ANSWER 110

4	8	5	2	9	3	7	6	1
2	6	3	8	7	1	5	4	9
7	9	1	6	4	5	8	2	3
3	2	6	9	1	8	4	7	5
8	7	9	5	3	4	2	1	6
5	1	4	7	2	6	3	9	8
9	5	7	3	6	2	1	8	4
1	3	2	4	8	9	6	5	7
6	4	8	1	5	7	9	3	2

ANSWER 111

6	5	3	1	2	9	4	7	8
7	1	9	5	8	4	6	2	3
8	2	4	7	6	3	9	1	5
5	9	1	4	3	7	8	6	2
4	7	6	2	1	8	3	5	9
2	3	8	9	5	6	1	4	7
9	6	5	3	4	2	7	8	1
3	8	2	6	7	1	5	9	4
1	4	7	8	9	5	2	3	6

ANSWER 112

2	1	8	3	7	9	5	4	6
7	3	6	5	1	4	8	2	9
4	5	9	8	6	2	7	3	1
1	6	4	2	3	7	9	5	8
3	2	7	9	8	5	6	1	4
8	9	5	1	4	6	2	7	3
6	4	3	7	2	8	1	9	5
5	8	2	4	9	1	3	6	7
9	7	1	6	5	3	4	8	2

ANSWER 113

6	3	5	4	9	2	8	7	1
4	1	9	5	7	8	6	2	3
8	7	2	6	1	3	4	9	5
7	2	8	9	5	4	3	1	6
3	6	4	1	8	7	9	5	2
9	5	1	2	3	6	7	4	8
5	4	6	8	2	9	1	3	7
2	8	7	3	4	1	5	6	9
1	9	3	7	6	5	2	8	4

ANSWER 114

1	3	2	5	9	7	4	8	6
8	4	5	3	6	2	1	9	7
7	6	9	4	1	8	5	2	3
6	7	8	1	4	3	2	5	9
9	1	4	2	5	6	3	7	8
2	5	3	8	7	9	6	1	4
3	8	6	9	2	1	7	4	5
4	2	7	6	8	5	9	3	1
5	9	1	7	3	4	8	6	2

ANSWER 115

3	2	5	1	6	8	9	7	4
4	8	1	2	9	7	6	3	5
9	7	6	5	4	3	2	8	1
5	9	4	7	8	2	3	1	6
6	1	7	9	3	5	8	4	2
8	3	2	4	1	6	7	5	9
2	5	3	6	7	4	1	9	8
7	6	9	8	5	1	4	2	3
1	4	8	3	2	9	5	6	7

ANSWER 116

7	1	3	5	8	2	6	4	9
4	2	6	7	9	3	1	8	5
5	9	8	4	6	1	3	2	7
6	4	9	3	2	7	5	1	8
2	8	1	9	5	6	7	3	4
3	7	5	8	1	4	2	9	6
1	5	4	2	7	8	9	6	3
9	3	2	6	4	5	8	7	1
8	6	7	1	3	9	4	5	2

ANSWER 117

7	8	1	5	4	3	6	2	9
2	5	3	9	8	6	1	7	4
6	9	4	2	7	1	5	3	8
1	6	8	7	5	4	3	9	2
4	7	5	3	9	2	8	6	1
9	3	2	1	6	8	7	4	5
3	1	9	8	2	7	4	5	6
8	2	6	4	3	5	9	1	7
5	4	7	6	1	9	2	8	3

ANSWER 118

6	5	1	9	7	4	3	8	2
9	3	4	8	2	5	7	6	1
2	7	8	6	3	1	5	9	4
7	1	6	4	9	8	2	5	3
8	2	5	1	6	3	4	7	9
4	9	3	2	5	7	8	1	6
3	6	2	5	8	9	1	4	7
5	4	9	7	1	2	6	3	8
1	8	7	3	4	6	9	2	5

ANSWER 119

3	5	6	7	4	8	1	2	9
9	7	2	3	6	1	5	4	8
8	1	4	5	2	9	7	3	6
1	4	7	9	5	3	6	8	2
5	3	8	2	1	6	9	7	4
2	6	9	4	8	7	3	1	5
6	9	1	8	3	2	4	5	7
7	2	5	1	9	4	8	6	3
4	8	3	6	7	5	2	9	1

ANSWER 120

7	3	1	6	8	2	5	9	4
8	5	9	3	7	4	6	1	2
6	4	2	1	5	9	8	7	3
9	2	6	8	4	3	7	5	1
1	7	4	5	9	6	2	3	8
3	8	5	7	2	1	9	4	6
4	9	7	2	3	8	1	6	5
5	1	8	4	6	7	3	2	9
2	6	3	9	1	5	4	8	7

ANSWER 121

2	4	6	3	8	7	5	9	1
3	7	1	5	9	6	4	8	2
8	9	5	1	2	4	6	3	7
9	2	7	4	3	5	1	6	8
6	1	4	9	7	8	3	2	5
5	3	8	2	6	1	7	4	9
7	5	2	6	4	9	8	1	3
4	8	3	7	1	2	9	5	6
1	6	9	8	5	3	2	7	4

ANSWER 122

7	9	3	1	6	8	4	5	2
6	1	5	3	4	2	9	7	8
4	2	8	5	9	7	6	3	1
8	6	1	4	7	3	5	2	9
9	3	7	8	2	5	1	4	6
5	4	2	9	1	6	7	8	3
3	8	9	7	5	1	2	6	4
1	7	6	2	8	4	3	9	5
2	5	4	6	3	9	8	1	7

ANSWER 123

9	8	4	5	1	6	7	3	2
2	5	3	8	7	4	6	1	9
1	7	6	2	9	3	8	5	4
3	2	1	7	6	5	9	4	8
4	6	8	9	3	2	5	7	1
7	9	5	1	4	8	2	6	3
8	1	7	3	5	9	4	2	6
5	4	9	6	2	1	3	8	7
6	3	2	4	8	7	1	9	5

ANSWER 124

7	8	4	3	2	9	1	5	6
2	9	1	5	6	7	4	8	3
3	5	6	8	4	1	2	7	9
4	6	5	7	3	8	9	1	2
8	3	9	6	1	2	7	4	5
1	7	2	9	5	4	6	3	8
9	4	3	1	8	6	5	2	7
6	2	8	4	7	5	3	9	1
5	1	7	2	9	3	8	6	4

ANSWER 125

3	2	6	7	4	8	9	5	1
4	9	7	2	1	5	8	6	3
8	1	5	9	6	3	2	7	4
1	7	2	5	3	9	6	4	8
5	4	9	8	7	6	3	1	2
6	3	8	4	2	1	5	9	7
9	8	3	1	5	4	7	2	6
2	6	4	3	9	7	1	8	5
7	5	1	6	8	2	4	3	9

ANSWER 126

5	9	1	8	7	6	4	2	3
7	2	8	3	9	4	5	1	6
3	4	6	1	5	2	7	9	8
9	1	5	6	3	8	2	4	7
6	3	7	2	4	9	1	8	5
4	8	2	5	1	7	3	6	9
1	6	4	7	8	5	9	3	2
2	7	3	9	6	1	8	5	4
8	5	9	4	2	3	6	7	1

ANSWER 127

2	1	9	8	7	6	3	5	4
3	7	5	1	9	4	8	6	2
6	8	4	5	2	3	9	1	7
4	6	1	2	8	7	5	3	9
8	3	7	9	6	5	4	2	1
5	9	2	3	4	1	6	7	8
1	2	6	4	3	9	7	8	5
7	4	8	6	5	2	1	9	3
9	5	3	7	1	8	2	4	6

ANSWER 128

2	3	1	7	9	5	4	6	8
7	8	9	3	4	6	1	2	5
5	4	6	1	8	2	9	3	7
4	6	8	2	5	9	3	7	1
1	2	7	8	3	4	6	5	9
9	5	3	6	1	7	8	4	2
8	7	4	5	6	1	2	9	3
3	9	2	4	7	8	5	1	6
6	1	5	9	2	3	7	8	4

ANSWER 129

5	4	1	3	6	9	8	7	2
8	9	7	2	4	1	3	6	5
6	3	2	5	8	7	4	9	1
4	1	5	8	9	3	6	2	7
3	6	9	1	7	2	5	8	4
7	2	8	6	5	4	1	3	9
1	5	3	9	2	6	7	4	8
2	7	6	4	1	8	9	5	3
9	8	4	7	3	5	2	1	6

ANSWER 130

4	6	9	7	5	2	3	8	1
2	7	8	3	1	4	9	6	5
1	3	5	6	8	9	7	4	2
3	2	6	4	9	5	1	7	8
9	8	7	1	6	3	5	2	4
5	1	4	8	2	7	6	3	9
6	5	1	2	3	8	4	9	7
7	9	2	5	4	6	8	1	3
8	4	3	9	7	1	2	5	6

ANSWER 131

3	9	4	1	8	5	2	7	6
5	8	6	2	4	7	9	1	3
2	7	1	6	3	9	8	5	4
8	6	5	7	1	4	3	9	2
7	3	9	8	5	2	6	4	1
1	4	2	9	6	3	7	8	5
6	5	8	3	7	1	4	2	9
9	1	3	4	2	8	5	6	7
4	2	7	5	9	6	1	3	8

ANSWER 132

6	9	1	7	3	5	2	4	8
8	4	2	9	6	1	5	3	7
3	7	5	8	4	2	1	9	6
9	8	4	6	2	3	7	1	5
5	6	7	4	1	9	8	2	3
1	2	3	5	7	8	4	6	9
4	5	8	2	9	6	3	7	1
2	1	6	3	8	7	9	5	4
7	3	9	1	5	4	6	8	2

ANSWER 133

2	6	7	4	1	5	9	3	8
4	5	9	6	3	8	2	7	1
8	3	1	2	9	7	4	5	6
5	9	4	1	6	2	7	8	3
6	2	3	8	7	9	5	1	4
1	7	8	3	5	4	6	9	2
7	1	2	9	4	3	8	6	5
3	8	5	7	2	6	1	4	9
9	4	6	5	8	1	3	2	7

ANSWER 134

3	2	5	9	4	6	8	1	7
7	9	8	5	1	2	3	4	6
6	4	1	3	8	7	9	5	2
2	8	3	7	6	5	4	9	1
9	6	7	4	3	1	5	2	8
5	1	4	8	2	9	6	7	3
8	3	9	1	7	4	2	6	5
1	5	6	2	9	8	7	3	4
4	7	2	6	5	3	1	8	9

ANSWER 135

4	6	5	1	3	2	7	9	8
8	9	7	4	5	6	2	1	3
1	3	2	7	8	9	6	4	5
6	8	4	5	7	1	9	3	2
3	2	1	9	4	8	5	6	7
7	5	9	2	6	3	1	8	4
9	4	3	6	2	7	8	5	1
2	1	8	3	9	5	4	7	6
5	7	6	8	1	4	3	2	9

ANSWER 136

3	1	2	6	5	9	4	7	8
4	6	5	8	7	1	2	3	9
9	8	7	3	4	2	5	6	1
1	4	9	5	3	6	7	8	2
7	2	6	9	8	4	1	5	3
5	3	8	1	2	7	6	9	4
2	9	3	4	6	5	8	1	7
6	7	1	2	9	8	3	4	5
8	5	4	7	1	3	9	2	6

ANSWER 137

6	4	5	1	3	2	7	9	8
3	2	7	9	8	6	1	5	4
9	8	1	4	7	5	2	6	3
1	5	2	3	6	8	4	7	9
7	3	9	2	1	4	6	8	5
8	6	4	7	5	9	3	1	2
4	9	8	6	2	1	5	3	7
5	7	6	8	4	3	9	2	1
2	1	3	5	9	7	8	4	6

ANSWER 138

1	4	7	2	8	6	5	3	9
9	5	6	3	7	1	4	8	2
8	3	2	4	5	9	1	6	7
4	2	9	1	6	3	7	5	8
6	8	3	5	4	7	2	9	1
7	1	5	9	2	8	3	4	6
3	7	1	6	9	4	8	2	5
2	9	8	7	3	5	6	1	4
5	6	4	8	1	2	9	7	3

ANSWER 139

5	7	1	4	8	9	3	2	6
6	4	8	2	1	3	7	5	9
9	3	2	5	6	7	1	4	8
2	5	6	1	9	4	8	7	3
1	8	3	7	5	2	6	9	4
7	9	4	6	3	8	5	1	2
3	6	7	9	4	1	2	8	5
8	1	9	3	2	5	4	6	7
4	2	5	8	7	6	9	3	1

ANSWER 140

1	5	9	8	7	4	6	3	2
4	2	8	3	6	1	5	7	9
3	6	7	9	2	5	8	4	1
5	3	2	6	8	9	4	1	7
8	1	4	2	5	7	3	9	6
9	7	6	4	1	3	2	5	8
2	4	3	7	9	8	1	6	5
6	9	5	1	3	2	7	8	4
7	8	1	5	4	6	9	2	3

ANSWER 141

8	4	6	1	2	9	3	5	7
1	3	7	4	5	8	6	2	9
2	9	5	6	7	3	4	8	1
6	2	3	9	8	7	5	1	4
9	5	4	2	1	6	8	7	3
7	1	8	3	4	5	9	6	2
5	8	1	7	3	4	2	9	6
4	7	9	5	6	2	1	3	8
3	6	2	8	9	1	7	4	5

ANSWER 142

3	8	4	9	6	1	7	5	2
1	6	5	2	7	3	4	9	8
2	7	9	4	5	8	6	1	3
9	3	2	6	8	7	1	4	5
6	4	8	5	1	9	3	2	7
5	1	7	3	4	2	8	6	9
4	9	6	7	3	5	2	8	1
7	2	1	8	9	6	5	3	4
8	5	3	1	2	4	9	7	6

ANSWER 143

1	4	9	6	3	7	2	5	8
7	5	8	4	2	1	6	9	3
2	3	6	5	8	9	4	7	1
9	8	2	1	5	6	7	3	4
6	1	3	8	7	4	9	2	5
5	7	4	3	9	2	8	1	6
4	2	5	7	6	3	1	8	9
3	6	7	9	1	8	5	4	2
8	9	1	2	4	5	3	6	7

ANSWER 144

9	6	3	2	5	4	1	8	7
1	2	4	7	8	3	9	5	6
5	8	7	9	1	6	4	2	3
4	7	1	6	3	2	8	9	5
8	3	9	1	4	5	7	6	2
2	5	6	8	9	7	3	1	4
3	9	2	4	6	1	5	7	8
7	4	8	5	2	9	6	3	1
6	1	5	3	7	8	2	4	9

ANSWER 145

4	1	3	8	7	9	5	2	6
5	7	6	3	2	4	8	1	9
2	9	8	6	1	5	7	3	4
3	8	2	4	9	6	1	5	7
7	4	9	5	8	1	3	6	2
1	6	5	2	3	7	4	9	8
9	3	1	7	4	2	6	8	5
6	2	4	1	5	8	9	7	3
8	5	7	9	6	3	2	4	1

ANSWER 146

8	1	2	5	7	9	4	6	3
5	9	3	4	6	1	2	7	8
6	7	4	3	8	2	1	5	9
4	6	1	7	5	8	3	9	2
7	3	8	2	9	6	5	1	4
2	5	9	1	3	4	7	8	6
1	8	7	9	4	3	6	2	5
9	4	5	6	2	7	8	3	1
3	2	6	8	1	5	9	4	7

ANSWER 147

8	1	6	5	3	9	4	2	7
9	7	2	4	6	1	3	5	8
3	5	4	7	8	2	9	6	1
2	3	8	1	5	4	6	7	9
5	9	1	6	2	7	8	3	4
4	6	7	8	9	3	5	1	2
6	4	9	2	1	5	7	8	3
1	8	3	9	7	6	2	4	5
7	2	5	3	4	8	1	9	6

ANSWER 148

6	1	8	3	5	9	2	4	7
4	9	7	8	2	6	3	5	1
2	3	5	1	4	7	9	6	8
8	6	1	7	9	4	5	3	2
9	2	4	5	3	8	7	1	6
5	7	3	6	1	2	8	9	4
7	4	2	9	6	5	1	8	3
1	5	6	2	8	3	4	7	9
3	8	9	4	7	1	6	2	5

ANSWER 149

7	9	4	1	3	8	6	5	2
1	8	2	9	5	6	4	7	3
3	5	6	7	4	2	8	9	1
4	2	1	8	9	3	7	6	5
5	3	9	4	6	7	2	1	8
8	6	7	5	2	1	3	4	9
9	7	5	2	8	4	1	3	6
6	4	8	3	1	5	9	2	7
2	1	3	6	7	9	5	8	4

ANSWER 150

6	3	9	4	7	2	5	8	1
1	4	8	5	9	6	3	7	2
2	5	7	3	1	8	4	6	9
8	1	6	2	4	3	7	9	5
4	7	5	1	8	9	2	3	6
9	2	3	7	6	5	1	4	8
7	6	4	8	2	1	9	5	3
3	9	2	6	5	4	8	1	7
5	8	1	9	3	7	6	2	4

ANSWER 151

9	5	7	3	1	4	2	6	8
1	2	3	8	6	5	7	9	4
4	6	8	2	7	9	5	1	3
8	9	6	7	4	3	1	2	5
5	3	1	6	2	8	9	4	7
2	7	4	5	9	1	3	8	6
6	1	5	9	8	7	4	3	2
3	8	9	4	5	2	6	7	1
7	4	2	1	3	6	8	5	9

ANSWER 152

9	5	3	4	7	8	6	2	1
7	2	8	1	5	6	9	4	3
1	6	4	2	3	9	7	8	5
2	4	6	5	8	1	3	7	9
3	7	9	6	4	2	5	1	8
8	1	5	7	9	3	2	6	4
6	9	2	3	1	4	8	5	7
4	3	7	8	6	5	1	9	2
5	8	1	9	2	7	4	3	6

ANSWER 153

6	8	2	9	1	3	7	4	5
9	5	4	6	8	7	3	2	1
7	3	1	4	5	2	6	8	9
8	1	5	7	3	4	9	6	2
4	9	6	8	2	1	5	7	3
2	7	3	5	9	6	8	1	4
3	6	8	2	4	5	1	9	7
1	2	9	3	7	8	4	5	6
5	4	7	1	6	9	2	3	8

ANSWER 154

1	2	5	8	7	9	3	4	6
7	9	6	3	1	4	8	5	2
4	8	3	2	6	5	9	1	7
3	4	1	9	8	6	2	7	5
2	6	8	4	5	7	1	9	3
9	5	7	1	3	2	4	6	8
5	3	9	7	4	8	6	2	1
8	7	4	6	2	1	5	3	9
6	1	2	5	9	3	7	8	4

ANSWER 155

8	9	2	1	3	4	5	6	7
1	5	6	9	7	2	4	3	8
7	3	4	5	6	8	2	1	9
3	6	7	4	8	1	9	5	2
5	2	8	7	9	3	6	4	1
9	4	1	2	5	6	7	8	3
4	7	3	6	1	9	8	2	5
2	1	9	8	4	5	3	7	6
6	8	5	3	2	7	1	9	4

ANSWER 156

9	4	3	1	6	8	2	5	7
1	8	5	2	7	4	6	9	3
2	7	6	9	5	3	4	8	1
6	5	1	7	9	2	8	3	4
7	3	2	8	4	5	9	1	6
4	9	8	3	1	6	7	2	5
5	2	7	4	8	1	3	6	9
8	6	9	5	3	7	1	4	2
3	1	4	6	2	9	5	7	8

ANSWER 157

9	3	6	7	8	4	2	5	1
5	1	8	2	3	6	9	4	7
7	2	4	5	1	9	8	3	6
3	9	2	1	7	5	6	8	4
4	8	7	9	6	3	5	1	2
1	6	5	8	4	2	7	9	3
6	7	9	3	5	1	4	2	8
2	4	1	6	9	8	3	7	5
8	5	3	4	2	7	1	6	9

ANSWER 158

3	5	4	9	6	8	1	7	2
9	7	1	5	4	2	3	8	6
6	8	2	1	7	3	5	4	9
5	1	3	4	9	6	8	2	7
2	4	8	3	5	7	6	9	1
7	9	6	8	2	1	4	5	3
8	3	9	2	1	5	7	6	4
4	6	5	7	3	9	2	1	8
1	2	7	6	8	4	9	3	5

ANSWER 159

3	4	2	1	6	5	7	9	8
7	8	1	9	4	3	2	5	6
9	5	6	8	7	2	4	1	3
4	7	5	3	8	1	6	2	9
6	3	8	4	2	9	1	7	5
1	2	9	7	5	6	8	3	4
2	6	7	5	3	4	9	8	1
5	1	4	2	9	8	3	6	7
8	9	3	6	1	7	5	4	2

ANSWER 160

5	2	3	1	4	9	8	6	7
7	1	6	8	5	2	3	9	4
9	8	4	6	7	3	2	1	5
8	7	9	3	2	4	1	5	6
4	5	2	7	6	1	9	8	3
3	6	1	5	9	8	7	4	2
6	9	8	2	3	5	4	7	1
2	4	7	9	1	6	5	3	8
1	3	5	4	8	7	6	2	9

ANSWER 161

5	1	9	6	2	3	8	7	4
3	2	4	8	7	1	9	6	5
6	8	7	9	4	5	3	2	1
2	7	6	1	8	4	5	3	9
4	9	1	5	3	7	6	8	2
8	5	3	2	9	6	1	4	7
7	6	5	4	1	8	2	9	3
1	4	2	3	6	9	7	5	8
9	3	8	7	5	2	4	1	6

ANSWER 162

4	7	6	5	3	8	1	9	2
1	5	3	2	9	4	8	7	6
9	8	2	6	1	7	3	4	5
5	9	1	3	8	2	4	6	7
2	3	7	4	6	5	9	8	1
8	6	4	1	7	9	2	5	3
7	1	5	8	4	3	6	2	9
6	4	9	7	2	1	5	3	8
3	2	8	9	5	6	7	1	4

ANSWER 163

6	7	1	2	3	8	9	5	4
8	9	3	4	1	5	2	6	7
4	2	5	6	7	9	1	3	8
9	5	7	8	4	6	3	2	1
1	3	6	5	2	7	4	8	9
2	8	4	3	9	1	5	7	6
3	4	9	7	8	2	6	1	5
5	1	8	9	6	3	7	4	2
7	6	2	1	5	4	8	9	3

ANSWER 164

6	7	1	5	9	4	8	2	3
4	8	9	2	1	3	5	6	7
5	2	3	8	6	7	1	9	4
7	6	5	4	3	9	2	1	8
3	1	8	7	5	2	6	4	9
9	4	2	1	8	6	3	7	5
1	9	4	3	2	5	7	8	6
2	5	6	9	7	8	4	3	1
8	3	7	6	4	1	9	5	2

ANSWER 165

4	1	9	8	6	3	2	7	5
7	2	6	1	5	4	9	3	8
3	5	8	2	9	7	1	6	4
6	4	2	3	8	1	5	9	7
1	8	3	9	7	5	6	4	2
5	9	7	4	2	6	8	1	3
2	3	5	6	4	9	7	8	1
9	7	1	5	3	8	4	2	6
8	6	4	7	1	2	3	5	9

급수별 로열 스도쿠1(EASY)

2018년 10월 25일 개정판1쇄 발행
2023년 10월 8일 개정판2쇄 인쇄
2023년 10월 13일 개정판2쇄 발행

지은이 | 퍼즐아카데미 연구회 편
펴낸이 | 이규인
편집 | 뭉클
펴낸곳 | 도서출판 창
등록번호 | 제15–454호
등록일자 | 2004년 3월 25일

주소 | 서울특별시 마포구 대흥로 4길 49, 1층(용강동, 월명빌딩)
전화 | (02) 322–2686, 2687 **팩시밀리** | (02) 326–3218
홈페이지 | http://www.changbook.co.kr
e-mail | changbook1@hanmail.net

ISBN 978–89–7453–450–9 13410
정가 8,000원